Dinh Lam Nguyen

Oxydation ménagée du méthane en formaldéhyde

Dinh Lam Nguyen

Oxydation ménagée du méthane en formaldéhyde

Catalyseurs de vanadium supporté sur silice mésoporeuse: préparation, structure, mécanisme réactionnel et performance

Presses Académiques Francophones

Impressum / Mentions légales
Bibliografische Information der Deutschen Nationalbibliothek: Die Deutsche Nationalbibliothek verzeichnet diese Publikation in der Deutschen Nationalbibliografie; detaillierte bibliografische Daten sind im Internet über http://dnb.d-nb.de abrufbar.
Alle in diesem Buch genannten Marken und Produktnamen unterliegen warenzeichen-, marken- oder patentrechtlichem Schutz bzw. sind Warenzeichen oder eingetragene Warenzeichen der jeweiligen Inhaber. Die Wiedergabe von Marken, Produktnamen, Gebrauchsnamen, Handelsnamen, Warenbezeichnungen u.s.w. in diesem Werk berechtigt auch ohne besondere Kennzeichnung nicht zu der Annahme, dass solche Namen im Sinne der Warenzeichen- und Markenschutzgesetzgebung als frei zu betrachten wären und daher von jedermann benutzt werden dürften.

Information bibliographique publiée par la Deutsche Nationalbibliothek: La Deutsche Nationalbibliothek inscrit cette publication à la Deutsche Nationalbibliografie; des données bibliographiques détaillées sont disponibles sur internet à l'adresse http://dnb.d-nb.de.
Toutes marques et noms de produits mentionnés dans ce livre demeurent sous la protection des marques, des marques déposées et des brevets, et sont des marques ou des marques déposées de leurs détenteurs respectifs. L'utilisation des marques, noms de produits, noms communs, noms commerciaux, descriptions de produits, etc, même sans qu'ils soient mentionnés de façon particulière dans ce livre ne signifie en aucune façon que ces noms peuvent être utilisés sans restriction à l'égard de la législation pour la protection des marques et des marques déposées et pourraient donc être utilisés par quiconque.

Coverbild / Photo de couverture: www.ingimage.com

Verlag / Editeur:
Presses Académiques Francophones
ist ein Imprint der / est une marque déposée de
OmniScriptum GmbH & Co. KG
Heinrich-Böcking-Str. 6-8, 66121 Saarbrücken, Deutschland / Allemagne
Email: info@presses-academiques.com

Herstellung: siehe letzte Seite /
Impression: voir la dernière page
ISBN: 978-3-8381-4878-6

Zugl. / Agréé par: Lyon, IRCE Lyon - Université Claude Bernard Lyon 1, 2003

TABLE DES MATIERES

CHAPITRE I : INTRODUCTION GENERALE

I.1. Utilisation du méthane

Le gaz naturel majoritairement constitué de méthane a été considéré jusqu'à présent comme une source énergétique et chimique mineure par rapport au pétrole alors que les réserves mondiales en sont très importantes. De plus, elles augmentent plus fortement que celles en pétrole (figure I.1). Cette tendance se poursuivra au cours du 21er siècle [1].

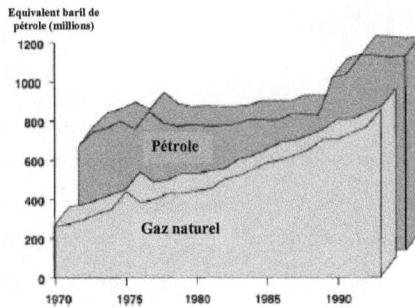

Figure I.1 : Réserves mondiales de pétrole et de gaz naturel [1].

La répartition géographique du méthane (gaz naturel) est présentée sur la figure I.2. La plupart du méthane se trouve dans des régions éloignées de complexes industriels et il est souvent produit en pleine mer. Des pipelines ne sont pas toujours disponibles pour transporter ce gaz vers les marchés potentiels. La liquéfaction pour le transport maritime est très coûteuse. C'est pourquoi, près de 11% de ce gaz est réinjecté dans les gisements et malheureusement, 4% brûlé [2].

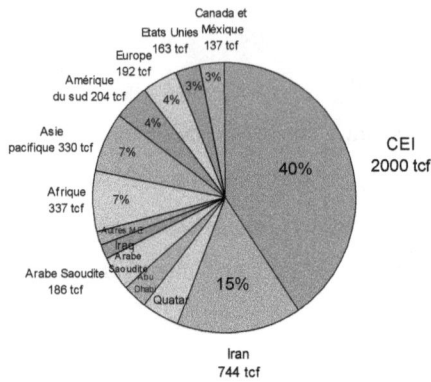

tcf : milliards de pied cube
1 pied cube = 0.0283 m³

Figure I.2 : Distribution géographique des réserves de gaz naturel [1].

A l'heure actuelle, le gaz naturel, donc le méthane est essentiellement utilisé comme fuel domestique et industriel ainsi que pour fabriquer l'électricité. Néanmoins, le méthane est une ressource potentielle pour la chimie et le carburant liquide.

La stratégie d'utilisation du méthane dépend de son coût, de sa localisation, du besoin des produits dérivés du méthane, du coût de construction, de la stabilité politique, économique de la région et d'autres facteurs. Le méthane est la partie importante du gaz associé de l'exploitation du pétrole brut et il doit être éliminé du pétrole brut avant sa commercialisation. Dans ce cas, le méthane n'est pas cher mais l'investissement et le coût opératoire nécessaire à l'utilisation de ce méthane sont très élevés. L'utilisation intensive de cette source pourrait exiger sa conversion en des composés de faible volume et plus valorisables comme le méthanol, le formaldéhyde ou l'éthylène.

Plusieurs voies ont été explorées et développées pour la conversion du méthane en composants plus valorisables ou en carburant. Ces voies se classent en deux groupes décrits comme procédés indirects et directs [1,3]. Les procédés indirects utilisent la formation du gaz de synthèse (CO et H_2) qui sera ensuite converti en divers produits allant du méthanol jusqu'à des essences. Dans les procédés directs, le méthane est converti en méthanol, formaldéhyde, éthylène ou aromatiques. L'application industrielle de certains procédés indirects est très avancée comparée à celle des procédés directs. En fait, le reformage à la vapeur du méthane pour la synthèse du méthanol a été développé au niveau industriel tandis que la conversion directe du méthane en méthanol ou formaldéhyde demeure encore au niveau de la recherche fondamentale.

I.2. Valorisation chimique du méthane

Actuellement, la méthode la plus répandue pour valoriser le méthane consiste à l'oxyder en un mélange de monoxyde de carbone et d'hydrogène qui est ensuite transformé en différents produits. Ce reformage se fait à la vapeur selon la réaction :

$$CH_4 \ + \ H_2O \ \longrightarrow \ CO \ + \ 3H_2 \qquad (1)$$

Dans les conditions de réaction, une deuxième réaction a lieu :

$$CO \ + \ H_2O \ \longrightarrow \ CO_2 \ + \ H_2 \qquad (2)$$

C'est à partir d'un mélange H_2, CO qu'est synthétisé actuellement le formaldéhyde avec une première réaction conduisant au méthanol (3) et une deuxième correspondant à l'oxydation du méthanol selon la réaction (4) :

$$CO \ + \ 2H_2 \ \longrightarrow \ CH_3OH \qquad (3)$$

$$CH_3OH \ + 1/2O_2 \ \longrightarrow \ CH_2O \ + \ H_2O \qquad (4)$$

L'oxydation directe du méthane en formaldéhyde pourrait être une réaction industriellement intéressante. Cependant, elle présente actuellement des rendements faibles car il est difficile d'éviter l'oxydation totale du méthane en oxydes de carbone à haute conversion. Néanmoins, il y aurait un intérêt à conduire cette réaction dans des conditions de faible conversion mais de sélectivité élevée et en recyclant le méthane non converti. Ceci d'autant plus que le formaldéhyde est relativement facile à séparer des réactifs et des autres produits gazeux formés (CH_4, O_2, CO et CO_2).

La principale contrainte de l'oxydation ménagée du méthane vient de la grande différence entre la réactivité chimique et la stabilité thermique du méthane et ses produits de transformation. Les constantes d'équilibre (K_f) de décomposition des produits de l'oxydation ménagée du méthane en fonction de la température sont présentées dans le tableau I.1 :

Tableau I.1 : Stabilité des produits de l'oxydation ménagée du méthane [3]. K_f : Constantes d'équilibre de décomposition des produits de l'oxydation ménagée du méthane.

Composants	Produits de la décomposition	LgK_f			
		400 K	600 K	800 K	1000 K
CH_3OH	$CO+2H_2$	-0.21	4.00	6.21	7.57
CH_2O	$CO+H_2$	5.08	5.46	5.72	5.88
CO	$C+1/2O_2$	-19.13	-14.34	-11.93	-10.48

Le méthanol et le formaldéhyde sont instables dans ces conditions. En fait, une forte conversion du méthane en produits oxygénés conduit à une chute brutale de la sélectivité. L'oxydation partielle du méthane en monoxyde de carbone (CO) et hydrogène (H_2), par contre, ne répond pas à ce cas de figure car ces produits sont assez stables. Cette réaction est donc obtenue avec une bonne sélectivité même pour une forte conversion en méthane.

Du point de vue thermodynamique, l'oxydation directe du méthane en méthanol (5) ou formaldéhyde (6) en une étape est possible. Néanmoins, les oxydations plus profondes (7, 8) sont des réactions beaucoup plus favorables thermodynamiquement :

$$CH_4 + 1/2\,O_2 \longrightarrow CH_3OH \qquad (5)$$
$$CH_4 + O_2 \longrightarrow CH_2O + H_2O \qquad (6)$$

$$CH_4 + 3/2O_2 \longrightarrow CO + 2H_2O \qquad (7)$$
$$CH_4 + 2O_2 \longrightarrow CO_2 + 2H_2O \qquad (8)$$

De même, en consultant le profil d'enthalpie du méthane [4] dans le milieu réactionnel (figure I.3), nous pouvons voir les difficultés à surmonter si nous voulons arrêter la réaction à l'étape souhaitée à savoir : la formation du méthanol ou du formaldéhyde. L'augmentation de la conversion du méthane conduit généralement à une baisse de la sélectivité des produits oxygénés au profit des produits d'oxydation totale. Il est donc primordial de toujours comparer les propriétés catalytiques des catalyseurs à iso-conversion.

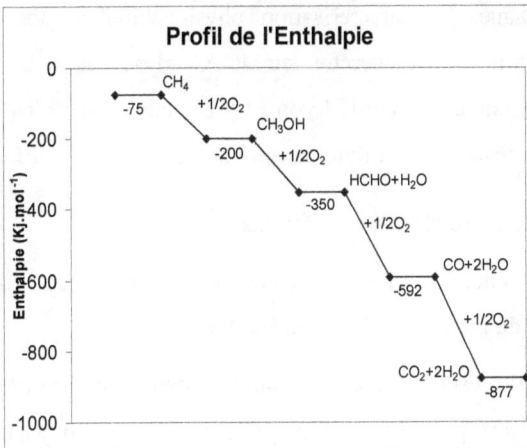

Figure I.3 : Profil d'enthalpie à 25°C pour les réactions successives du méthane avec l'oxygène [4].

L'oxydation ménagée du méthane ne pourra donc se faire que par un contrôle de la cinétique des réactions avec l'utilisation d'un catalyseur approprié et des conditions opératoires ne favorisant pas l'oxydation plus profonde. Les produits de réaction (méthanol ou formaldéhyde) étant instables, ils doivent être isolés du cycle réactionnel après un court temps de séjour dans le réacteur [3]. Par cette voie, une haute sélectivité pourrait être obtenue à une conversion raisonnable, ce qui serait un avantage économique considérable car le coût de séparation des produits serait minimisé.

I.3. Objectif du travail

L'objectif du travail est la mise au point d'un catalyseur performant pour l'oxydation ménagée du méthane en formaldéhyde à pression atmosphérique et à une température inférieure à 600°C.

Pour cela, nous avons étudié une nouvelle méthode de préparation de catalyseur à base de vanadium supporté sur silice mésoporeuse qui présente une activité et une sélectivité élevée pour l'oxydation ménagée du méthane en formaldéhyde. Les catalyseurs ont été testés dans un dispositif de test entièrement dédié à l'oxydation ménagée du méthane. La caractérisation physicochimique des catalyseurs s'est effectuée à l'Institut de Recherche sur la Catalyse, dans les laboratoires de l'Université de Claude Bernard Lyon 1. L'analyse par RMN des produits condensables de la réaction s'est faite dans un laboratoire d'ATOFINA.

Ce travail s'articule en 10 chapitres différents :

- Le premier chapitre présente le contexte général de l'utilisation, de la valorisation du méthane et l'objectif du travail.

- Le chapitre II présente une analyse bibliographique de l'oxydation du méthane, un résumé des principaux résultats obtenus sur l'oxydation ménagée en formaldéhyde. Les méthodes de préparation des catalyseurs à base d'oxyde de vanadium supporté sur silice mésoporeuse et les principes de base pour la mise au point d'une nouvelle méthode de préparation ont été traités dans ce chapitre.

- Le chapitre III est consacré à la présentation du montage de tests catalytiques, de la méthode de calcul ainsi que de la validation de la méthode d'analyse.

- Dans le chapitre IV, nous présentons les méthodes que nous avons élaborées pour préparer nos catalyseurs à base d'oxyde de vanadium supporté sur silice mésoporeuse.

- La caractérisation de nos catalyseurs est présentée dans le chapitre V.

- Le chapitre VI regroupe les résultats de tests catalytiques de nos catalyseurs.
- Les études cinétiques de la réaction sont présentées dans le chapitre VII.
- Le chapitre VIII est consacré à la caractérisation des espèces adsorbées sur le catalyseur par spectroscopie infrarouge.
- Le chapitre IX est réservé à la discussion générale.

Avant de dévoiler le contenu détaillé de ce sujet, je tiens à m'adresser mes grands remerciements à Messieurs MILLET Jean-Marc et LORIDANT Stéphane, Directeur et Co-encadrant de la thèse pour leurs orientations, leurs conseils, leurs aides précieuses qui ont bien contribué à accomplir ce travail.

I.4. Références bibliographiques

[1]   J. H. Lunsford, *Catal. Today*, 63 (2000) 165.
[2]   J. A. Lercher, J H. Bitter, A. G. Steghuis, J. G. Van Ommen, K. Seshan, Environmental Catalysis, Imperial College Press. London 1999 p.103.
[3]   V. D. Sokolovskii, N. J. Coville, A. Parmaliana, I. Eskendirov, M. Makoa, *Catal. Today,* 42 (1998) 191.
[4]   M.J. Brown, N.D. Parkyns, *Catal. Today,* 8 (1991) 305.

CHAPITRE II : ANALYSE BIBLIOGRAPHIQUE

II.1 Généralités sur la conversion directe du méthane

La conversion directe du méthane exige la rupture d'une liaison C-H d'énergie élevée (438 kJ.mol^{-1}) [1]. Cette rupture demande une température de réaction de l'ordre de 450 à 650°C. Dans ces conditions, des radicaux sont généralement générés soit sur la surface du catalyseur (1) soit au sein de la phase vapeur (2) et permettent à la réaction de s'amorcer.

$$CH_4 + O_{surf.} \longrightarrow CH_3^* + OH_{surf.} \quad (1)$$

$$CH_4 + O_2 \longrightarrow CH_3^* + HO_2^* \quad (2)$$

Après l'initiation, les réactions radicalaires peuvent se propager, soit sur la surface catalytique soit dans la phase vapeur. En général, il est difficile de comparer les deux types de propagation. En 1968, Dowden et al. [2] ont proposé un mécanisme simple pour l'oxydation sélective du méthane en présence d'un catalyseur à base d'oxydes tel qu'il est décrit sur la figure II.1 :

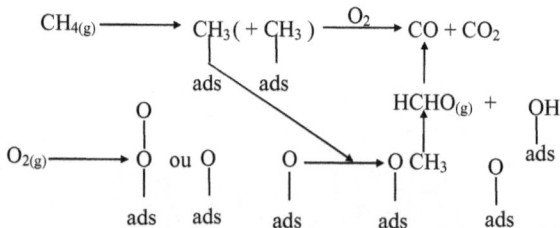

Figure II.4 : Mécanisme de l'oxydation du méthane sur un catalyseur à base d'oxydes [2].

Ce schéma réactionnel relativement simple montre les étapes principales de l'oxydation du méthane bien qu'il ne tienne pas compte de toutes les réactions pouvant se dérouler dans la phase gazeuse.

Le mécanisme de Dowden propose des groupes -OCH_3 comme précurseurs pour la formation du formaldéhyde [3,4]. Néanmoins, d'autres études proposent la formation du méthanol comme intermédiaire réactionnel [5]. La surface des catalyseurs d'oxyde activerait, en même temps, l'oxygène et le méthane. En outre, les radicaux CH_3^* formés dans la phase gazeuse pourrait réagir avec les espèces O_{ads} (oxygène adsorbé) selon un mécanisme de Rideal-Eley [5] pour former les produits souhaités ou CO. Ainsi, on doit considérer à hautes températures (600-700°C) la formation des radicaux à la fois dans la phase gazeuse et sur la surface du catalyseur comme cela a été décrit dans les équations (1) et (2).

Dans la phase gazeuse, les radicaux apparaissent spontanément dans le volume réactionnel. Par contre, la diffusion des radicaux sur la surface catalytique étant relativement lente, toutes les réactions en chaîne ont lieu dans une couche étroite près de la surface. Une fois formé, le radical méthyl peut réagir de façons différentes en fonction de la pression, de la température et de la concentration en oxygène dans la phase gazeuse.

Par contre, à la surface du catalyseur, toutes les réactions se déroulent suivant le mécanisme classique de Langmuir-Hinshelwood. La dissociation du méthane et l'activation de l'oxygène se font sur des sites différents et les catalyseurs peuvent être considérés comme des catalyseurs bi-fonctionnels [2].

Les études cinétiques concernant l'oxydation ménagée du méthane en formaldéhyde sur le catalyseur à base d'oxyde de vanadium supporté ont montré que l'oxygène est adsorbé sur le catalyseur et que le déroulement de la réaction suit un mécanisme de type Mars-van Krevelen [6]. Au cours de la réaction, le méthane réagit avec des espèces oxygène actives sur la surface catalytique. D'après ce mécanisme, le méthane ne s'adsorberait pas sur la surface du catalyseur [6]. Il réagirait avec les espèces oxygènes de la surface et générerait les radicaux CH_3^* réagissant à leur tour avec des anions oxygène du réseau pour former des radicaux CH_3O^* qui se décomposent ensuite en formaldéhyde. Dans ce cas, le méthanol n'est pas un intermédiaire de la réaction. Il a été proposé qu'à haute pression les radicaux CH_3O^* seraient formés dans la phase gazeuse [7]. Ils pourraient alors subir des interactions avec les molécules de méthane pour produire le méthanol d'après la réaction suivante :

$$CH_3O^* + CH_4 \longrightarrow CH_3OH + CH_3^* \quad (3)$$

II.1.1. Oxydation homogène du méthane dans la phase gazeuse

Les processus d'oxydation partielle du méthane dans la phase gazeuse sont similaires à ceux de la combustion totale [5]. Les études sur la combustion ont expliqué la formation du méthanol et du formaldéhyde au cours de l'oxydation du méthane [8]. L'oxydation du méthane en phase gazeuse procède suivant un mécanisme en chaîne par le biais de la formation des intermédiaires CH_3^*, CH_3O^*, $CH_3O_2^*$, HO_2^*, HCO^*, OH^* et des molécules intermédiaires H_2O_2 et CH_3OOH [7]. Comme toutes les réactions en chaîne, la conversion du méthane comprend trois étapes : initiation, propagation et terminaison. La réaction est généralement conduite à haute pression et les réacteurs utilisés sont en forme de tubes [9, 10]. En outre, les techniques de préchauffage de la charge [9, 10] ou le jet du méthane préchauffé au sein d'un fluide d'air [11] sont employées. Un rapport CH_4/O_2 élevé est également utilisé afin d'éviter l'oxydation totale. Le tableau II.1 regroupe certaines données sur ces procédés :

Tableau II.2 : Comparaison des résultats obtenus dans l'oxydation du méthane à haute pression [9, 10].

Temp. (°C)	Pression (atm)	Composition de la charge (%)			Temps de séjour (s)	Conv. de CH_4 (%)	Sélec. en CH_3OH (%)
		CH_4	O_2	N_2			
450	49	97,5	2,5	0	200	5	40
450	49	93,4	6,6	0	200	5	36
450	49	50,0	2,5	47,5	300	5	38
451	50	93,3	6,7	0	208	9,5	76
452	25	89,3	8,7	2	75	13,3	55
456	65	94,9	5,1	0	232	8	83

L'effet d'additifs à la charge a été étudié. Les critères utilisés pour évaluer l'efficacité des additifs sont alors :

- L'effet sur la sélectivité en méthanol (ou en formaldéhyde),

- L'effet sur la température minimale à laquelle une réaction complète est obtenue.

Par exemple, l'ajout d'une très faible quantité d'éthane dans le méthane permet une conversion équivalente à une température 50° plus basse [12] tandis qu'une charge de gaz naturel exige une température de 100°C plus élevée que celle utilisée pour le méthane pur [5]. D'autres types d'additifs ont été examinés : des hydrocarbures saturés, cycliques, insaturés, aromatiques, des cétones, éthers ou aldéhydes. La plupart des additifs permettent d'abaisser la température de réaction et d'améliorer la sélectivité en méthanol mais leur utilisation n'apporte pas d'effet considérable sur la sélectivité en formaldéhyde. En utilisant des additifs, on ne peut atteindre qu'une augmentation de 10% environ de la sélectivité totale en composés oxygénés.

La conversion photochimique du méthane a également été étudiée [13-15]. Dans ce cas, la conversion du méthane se déroule à des températures relativement faibles (50-100°C) et à la pression atmosphérique en utilisant la photolyse de la vapeur d'eau comme source de radicaux. La charge utilisée pour cette réaction est généralement un mélange de méthane et vapeur d'eau mais de l'air est également utilisé. Il y a plusieurs composés formés dont le méthanol et le formaldéhyde. On a également détecté le radical méthoxy dans le milieu réactionnel [14]. L'initiation de la réaction s'effectue grâce à la photolyse de la vapeur d'eau en utilisant un rayonnement UV (185 nm). Le mécanisme de cette réaction est considéré comme similaire à celui observé à haute température.

II.1.2. Conversion catalytique du méthane en méthanol et formaldéhyde

II.1.2.1. Production du méthanol

Les études sur la conversion catalytique du méthane en méthanol ont été entreprises dans le but d'améliorer la conversion et la sélectivité du procédé d'oxydation

11

homogène existant [5]. Des solutions pour augmenter le rendement du méthanol lors de la conversion homogène du méthane à haute pression ont été proposées. La plupart des études sur la conversion catalytique du méthane en méthanol ont été réalisées à haute pression (35 - 125 bars) et à des températures relativement basses (350-450°C). Il a été montré que la paroi métallique des réacteurs influait sur les résultats de conversion et il a été conclu que les métaux sont généralement défavorables car ils entraînent une suroxydation [10, 16]. L'effet de mélanges d'oxydes (Cu/SiO_2, Co/Al_2O_3, TiO_2 aérogel et SnO_2) sur l'oxydation partielle du méthane a été examiné à une pression de 30 atm, une température comprise entre 247 et 402°C et un temps de séjour de 17 à 50s. Cependant, ces études n'ont pas apporté les résultats souhaités [10, 16]. Seuls Gesser et al. [17] ont obtenu une sélectivité élevée lors de la conversion du méthane en méthanol à haute pression (35 - 125 bar, 350 - 450°C, [CH4] : [O2] = 20 :25). Cette valeur était de l'ordre 75 à 80% contre 40-50% pour les autres auteurs. L'utilisation des catalyseurs fortement acides, tels que Cr^{3+}-Zr^{4+}-SO_4/SiO_2, permet d'atteindre une sélectivité en méthanol de 77%, même de 100% en méthanol et formaldéhyde, avec une conversion de 3.5%, à 250°C [18]. La conversion du méthane en méthanol sur les catalyseurs très acides pourrait avoir lieu avec la formation de l'intermédiaire CH_5^+. A la pression de 50 bars, une sélectivité en méthanol et formaldéhyde de 70 à 80% pour une conversion du méthane de 8 à 10% a aussi été observée sur un catalyseur d'oxyde mixte Mo-V-Cr-Bi-Si-O [19].

D'un autre côté, les études sur des catalyseurs pour la production directe du méthanol à basse pression (≤1atm) ont montré qu'à faible conversion (<10%) une sélectivité convenable pouvait être obtenue. L'addition de NO et NO_2 (0.35 – 0.55%) dans la charge de méthane et d'oxygène conduit à une augmentation remarquable de la conversion et de la sélectivité en produits oxygénés [20] dont le méthanol. La conversion du méthane dans ce mélange a lieu à la température plus basse. Les NO_x pourraient, dans ce cas, favoriser la formation des radicaux CH_3^* et CH_3O^* dans la phase gazeuse [20]. Plusieurs catalyseurs ont été testés : des zéolithes de type mordenite [21, 22], FeZSM5 [23], des catalyseurs à la base de MoO_3 et V_2O_5 [24]. Il a également été montré que la sélectivité pouvait être améliorée en utilisant comme oxydant N_2O au lieu de O_2 [25, 26]. Dans ce cas, la conversion du méthane est optimale entre 350 et 425°C. Au dessus de 400°C, la formation de CO est très faible mais celle des composés de couplage (C_2H_4, C_2H_6, C_3/C_4) est prépondérante. La sélectivité en méthanol n'est alors que de 10%. En conclusion, il semblerait donc que, jusqu'à présent, aucun catalyseur performant n'a été découvert pour la synthèse du méthanol par oxydation ménagée du méthane [27]. Bien que la pression élevée favorise la production du méthanol, l'oxydation du méthane sous la pression est essentiellement contrôlée par les réactions radicalaires en phase gazeuse.

II.1.2.2. Production du formaldéhyde

Dans l'industrie, le formaldéhyde est obtenu par conversion directe du méthanol en une étape unique sur des catalyseurs à base de molybdates de fer [28]. Environ la moitié de la production mondiale du méthanol est convertie en formaldéhyde qui sert ensuite à la fabrication de peintures ou de polymères.

Pour l'instant, aucun catalyseur d'oxydation directe du méthane en formaldéhyde n'est suffisamment performant pour donner lieu à une application industrielle. En 1986, un rendement en formaldéhyde de 5 à 8% a été obtenu en utilisant des inhibiteurs à base de composés halogénures [29, 30]. Dans un premier temps, des catalyseurs métalliques (Pd/ThO$_2$ [31]), Pd/Al$_2$O$_3$ [32]) ont été considérés. La plupart des études récentes se sont orientées cependant vers l'utilisation de catalyseurs à base d'oxydes. Otsuka et Hatano [33] ont proposé un schéma de l'oxydation du méthane en formaldéhyde présenté sur la figure II.2.

$$CH_4 \xrightarrow{\ 1\ } CH_{4\text{-}x} \xrightarrow{\ 2\ } HCHO \xrightarrow{\ 3\ } CO, CO_2$$

Figure II.5 : Etapes réactionnelles de l'oxydation du méthane proposées par Otsuka et Hatano [33]

D'après ces auteurs, l'évolution de la réaction exige une élimination de l'hydrogène formé lors de la première étape (1) et une insertion de l'oxygène lors de l'étape suivante (2). Ces deux étapes nécessitent des propriétés différentes et des sites actifs différents. Otsuka et Hatano ont comparé l'activité de nombreux oxydes simples pour la conversion en formaldéhyde du méthane en essayant de corréler les résultats obtenus à l'électronégativité du cation correspondant. Une activité maximale pour la conversion du méthane est observée sur les oxydes Ga_2O_3 et Bi_2O_3 qui se trouvent au milieu de l'échelle d'électronégativité. D'un autre côté, le rendement maximal en formaldéhyde implique une minimisation de la vitesse de la troisième étape (3) par rapport à la deuxième et la conversion en formaldéhyde est alors favorisée sur des oxydes ayant l'électronégativité la plus élevée (W, B et P). Ayant le même point de vue, Dowden et al [34] ont considéré que le catalyseur d'oxydation ménagée du méthane en formaldéhyde devrait disposer de deux fonctions pour permettre d'une part, la déshydrogénation et d'autre part, l'insertion d'oxygène. Pour la fonction de déshydrogénation, les oxydes de Fe^{3+} et Cu^{2+} sont les meilleurs tandis que les oxydes contenant V^{5+}, Mo^{6+}, Ti^{4+} et Zn^{2+} favorisent la fonction d'insertion d'oxygène.

Gomonai et al [35, 36] ont examiné une série d'oxydes, phosphates et silicates comme catalyseurs pour l'oxydation ménagée du méthane en formaldéhyde. Selon ces auteurs, une sélectivité élevée et un bon rendement en formaldéhyde pourraient être obtenus sur les catalyseurs de haute acidité comme $Sn_2P_2O_7$, SiP_2O_7 ou GeP_2O_7.

Une étude réalisée sur la silice a montré une activité appréciable pour la formation du formaldéhyde [7]. Cette étude a mise en évidence un mécanisme hétérogène-homogène de réaction en présence de catalyseurs à base de silice ou de silice-alumine. Dans ce cas, les réactions homogènes diminuent la sélectivité en formaldéhyde. Le rendement en formaldéhyde atteignait 2% (34% de sélectivité et 6.1% de conversion). L'addition du C_2H_6 dans le mélange de CH_4/O_2 augmente la sélectivité en formaldéhyde dans l'intervalle de température 560 - 640°C [7] sur le catalyseur SiO_2. Cette augmentation a été expliquée par une formation plus importante des radicaux CH_3^* en présence de C_2H_6 [37]. Le radical CH_3^* est ensuite converti en $CH_3O_2^*$ et formaldéhyde.

La modification de la silice par ZnO permet d'augmenter le rendement à 3.5%. Sur une silice-alumine modifiée par H_3PO_4 et par H_3BO_3, une amélioration des rendements est également obtenue (2.9% et à 2.5% respectivement) [7]. Averbukh et al [38 - 40] ont effectué des études sur des silice-alumines contenant de 10 à 11% d'Al_2O_3, modifiées par des oxydes de Fe, Zn, V, Ce, Bi et Cr. Ils ont obtenu un rendement de 2% en formaldéhyde. Un rendement maximum de 2.6% était obtenu sur une silice-alumine avec l'addition de 2% de $Ce_3(PO_4)_4$ et 0.05% de P_2O_5 à 750°C.

Les supports utilisés, le plus couramment, pour l'oxydation ménagée du méthane en formaldéhyde ont été la silice ou la silice-alumine. MgO et Al_2O_3 sont plus actifs que SiO_2 mais on n'obtient que du CO et du CO_2 avec ces supports [37]. Les études menées par Spencer et al sur les catalyseurs d'oxydes supportées sur SiO_2 ont aussi montré que les oxydes acides (P_2O_5, WO_3, B_2O_3...) sont les plus actifs [41].

Parmi les autres catalyseurs envisagés, l'oxyde de molybdène supporté sur silice (MoO_3/SiO_2) est le plus étudié [41-45]. Sur ce catalyseur, l'oxydation ménagée du méthane en formaldéhyde a lieu entre 550 et 650°C. Une sélectivité de 85% à 1% de conversion et de 30% à 7% de conversion ont ainsi été obtenues. Le formaldéhyde n'est pas formé sur MoO_3 pur. L'addition de cuivre [44] et de chrome [7] augmente la sélectivité. Sur le catalyseur MoO_3/SiO_2, le groupe Mo=O pourrait être remplacé par un carbène pour former le groupe $Mo=CH_2$ qui serait ensuite converti en formaldéhyde. Un catalyseur très dispersé MoO_3/SiO_2 préparé par la méthode sol-gel [46] présente une très bonne sélectivité en méthanol et formaldéhyde à 600°C avec une charge en excès de vapeur d'eau (8.2% de conversion, 35% de sélectivité en HCHO et 11% de sélectivité en CH_3OH). La formation de l'acide silicomolybdique sur la surface du catalyseur au cours de la réaction a été postulée. Il serait l'espèce active des catalyseurs.

L'oxyde de vanadium déposé sur silice (V_2O_5/SiO_2) présente des rendements comparables à ceux de MoO_3/SiO_2 mais apparaît plus actif [47, 48]. Le catalyseur V_2O_5/SiO_2 est un de rares catalyseurs sur lesquels il y a la formation des O^- et O_2^- stabilisés lors de l'interaction entre O_2 et le catalyseur [49]. Lee et Ng [50] ont étudié l'oxydation ménagée du méthane en formaldéhyde sur les catalyseurs à base de V_2O_5 supporté sur SiO_2, $Ti_xSi_{1-x}O_2$ et TiO_2. Le catalyseur V_2O_5/SiO_2 était le plus actif parmi les catalyseurs étudiés avec les sélectivités et les productivités les meilleures. L'utilisation du N_2O comme oxydant au lieu de l'oxygène augmente l'activité et la sélectivité des catalyseurs MoO_3/SiO_2 [44, 51 - 53] et V_2O_5/SiO_2 [50].

Bañares et al [54] ont réalisé des études sur l'oxydation ménagée du méthane avec les catalyseurs d'oxydes de métaux réductibles (V, Mo, W et Re) supportés sur la silice de grande surface. L'oxyde de vanadium supporté est de nouveau le plus actif. Son activité serait d'après ces auteurs liée à sa réductibilité élevée. Il fournit ainsi d'avantage de sites pour l'activation de l'oxygène. L'oxyde de rhénium présente également une activité et une sélectivité élevée en formaldéhyde mais il se désactive du fait de sa sublimation à haute température.

Nous avons fait une synthèse des résultats de ces études en considérant la relation entre la conversion et la sélectivité en formaldéhyde de différents catalyseurs à 600°C (Tableau II.2, figure II.3). Les catalyseurs marqués en gras et en italique dans le tableau II.2 présentent les meilleures performances pour la conversion du méthane en formaldéhyde. Cette synthèse nous permettra ultérieurement de comparer l'efficacité de nos catalyseurs à celles des catalyseurs déjà publiées.

Tableau II.3 : Compilation des performance de catalyseurs testés pour l'oxydation ménagée du méthane en formaldéhyde.

No	CATALYSEURS	Conv. (%)	Sél. (%)	Rend. (%)	Temp. (°C)	Réf.
1	$FePO_4/Al_2O_3$	4,1	1	4.1	600	[61]
2	$FePO_4/ZrO_2$	3,4	11	3.74	600	[61]
3	*$FePO_4/TiO_2$*	4,4	4	1.76	600	[61]
4	$FePO_4/SiO_2$	1,6	88	1.41	600	[61]
5	Fe/SiO_2	0,47	60	0.28	600	[62]
6	Sn/WO_3	0,26	66	0.17	600	[62]
7	W/SnO_2	0,3	51	0.15	600	[62]
8	Fe-Al-P-O	0,16	25,5	0.04	450	[63]
9	Fe-Al-P-O	2,05	25,6	0.52	450	[63]
10	*2,8V/MCM41*	3,2	29,1	0.93	595	[64]
11	$B_2O_3,BeO/SiO_2$	2,8	34	0.95	600	[65]
12	$MgO,BeO/SiO_2$	3,5	23	0.81	600	[65]
13	SiO_2	0,15	34	0.05	570	[66]
14	SiO_2	4,5	8	0.36	593	[67]

15	SiO_2	1,4	48	0.67	580	[68]
16	Cr_2O_3/Al_2O_3	3	5	0.15	620	[69]
17	V_2O_5/SiO_2	4,2	30	1.26	600	[70]
18	V_2O_5/SiO_2	6,4	20	1.28	600	[70]
19	SiO_2 (KSM2)	3	39	1.17	600	[71]
20	*SiO_2 (KSM2)*	12	28	3.36	600	[71]
21	$FePO_4$	0,7	29,5	0.20	600	[72]
22	La promoted (20%)	1,2	4,6	0.05	600	[72]
23	*$Fe_2O_3(MoO_3)$ 2,25*	0,8	99	0.80	610	[63]
24	10Mo2CrCabosil	0,1	9	0.09	600	[73]
25	10Mo3AgCabosil	0,24	21	0.05	600	[73]
26	2VCabosil	0,56	26	0.15	600	[73]
27	10Mo2VCabosil	0,9	21	0.19	600	[73]
28	2CoCabosil	0,21	2	-	600	[73]
29	10Mo2CoCabosil	0,14	16	0.02	600	[73]
30	10Mo2NaCabosil	0,44	32	0.14	600	[73]
31	10MoCabosil	0,08	63	0.05	600	[73]
32	2MoCabosil	0,05	67	0.03	600	[73]
33	$0,8V/SiO_2$	10	15	1.50	610	[74]
34	*$0,8Mo/SiO_2$*	20	16	3.20	610	[74]
35	$0,8W/SiO_2$	3	37	1.1	610	[74]
36	$0,8Re/SiO_2$	3,7	10	0.37	610	[74]
37	SiO_2	3,7	8	0.30	610	[74]
38	SiO_2	2,2	49	1.07	600	[74]
39	$5\%V_2O_5/SiO_2$	4,4	31	1.36	600	[75]
40	$Mo/SiO_2(1Mo/nm^2)$	1	86	0.86	590	[76]
41	Mo/SiO_2 $(1,9Mo/nm^2)$	1	83	0.83	590	[76]
42	MoO_3/SiO_2 2% imp. (Eau 60%)	4	12	0.48	600	[77]
43	*MoO_3/SiO_2 2% sol-gel (Eau 60%)*	8,2	35	2.87	600	[77]
44	Mo/HZSM-5 (1,3%Mo)	13,1	3,4	0.44	600	[78]
45	Mo/HZSM-5 (0,2%Mo)	6,5	10,6	0.69	600	[78]
46	$Fe(0,03)/SiO_2$	0,47	60	0.28	600	[79]
47	$Sn(1,5)/WO_3$	0,11	93	0.10	600	[79]
48	$Sn(4,6)/WO_3$	0,26	44	0.11	600	[79]
49	SnO_2	2,8	1	0.03	600	[79]
50	$W(0,7)/SnO_2$	1,5	4	0.06	600	[79]
51	$W(2$ ou $7)/SnO_2$	0,3	51	0.15	600	[79]
52	$27SMA/SiO_2$ (60%eau) [*]	20 - 25	90	20	600	[80]

[*]*SMA : Acide SilicoMolybdique*

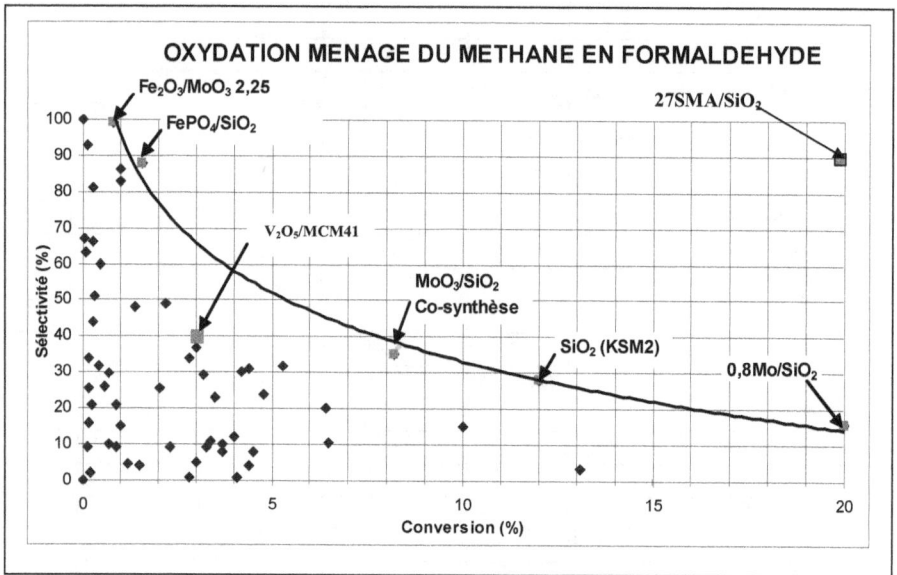

Figure II.6 : Oxydation partielle du méthane en formaldéhyde à 600°C. Chaque point correspond aux performances (sélectivité-conversion) d'un catalyseur de la littérature. Seuls les meilleurs catalyseurs ont été identifiés.

Sur la figure II.3, on constate que les sélectivités-conversions obtenues ne dépassent pas une limite indiquée en trait plein. Parmi les catalyseurs étudiés, seul le catalyseur 27SMA/SiO$_2$ [80] présente des performances plus élevées pour l'oxydation ménagée du méthane en produits oxygénés (formaldéhyde et méthanol). Néanmoins, ces performances n'ont jamais pu être reproductibles par d'autres équipes malgré de nombreuses tentatives. Ces performances sont attribuées à la stabilisation de l'acide silicomolybdique sur la silice dans les conditions opératoires utilisées, d'une part, pour la synthèse des catalyseurs et d'autre part, pour l'activation du catalyseur. En effet, pour atteindre ces niveaux de performance, il est nécessaire d'activer le catalyseur avec une montée en température extrêmement rapide de l'ordre de 100 à 200°C.min^{-1} [81]. Par ailleurs, cette activation et la réaction doivent être effectuées en présence d'une forte teneur en vapeur d'eau dans la charge (60%). L'effet de l'eau sur ce catalyseur est dominant dans les conditions de test utilisées. Malgré un bon rendement en produits oxygénés (20%), la mise en œuvre de ce catalyseur, si elle

18

pouvait être reproduite, présenterait de grands inconvénients. L'utilisation de vitesses de chauffage très élevées nécessite des réacteurs particuliers (chauffage par induction ou par micro-ondes). De plus, étant données les fortes teneurs en vapeur d'eau dans la charge, le formaldéhyde produit est fortement dilué dans le condensat. Ceci exige des coûts opératoires élevés d'une part, pour produire la vapeur d'eau nécessaire et d'autre part, pour distiller le condensat afin d'obtenir une solution en formaldéhyde avec une concentration commercialisable.

II.1.3. Conclusion

Nous avons vu dans ce paragraphe que l'oxydation ménagée du méthane en formaldéhyde se déroule avec la formation des radicaux CH_3^*. L'interaction entre des radicaux CH_3^* avec des anions oxygène formerait des radicaux CH_3O^* qui se décomposent ensuite en formaldéhyde.

A part le catalyseur 27SMA/SiO$_2$, les catalyseurs efficaces déjà étudiés pour la conversion du méthane en formaldéhyde sont des composés phosphates et des oxydes de molybdène ou vanadium déposés sur silice. La sélectivité élevée en formaldéhyde sur les catalyseurs supportés sur silice pourrait être reliée à la bonne dispersion des oxydes sur la surface du support [82, 83]. Parmi les catalyseurs étudiés, les catalyseurs à base d'oxyde de vanadium supporté sur silice sont les plus actifs. Ils présentent la productivité la plus importante en formaldéhyde avec $46.1 mol.kg_{cata}^{-1}.h^{-1}$ [27] ($1.4 kg.kg_{cata}^{-1}.h^{-1}$). Sur ces catalyseurs, la dispersion et l'isolation des espèces vanadium ont été reportées comme étant des paramètres importants pour l'obtention de catalyseurs sélectifs en composés oxygénés [84-87].

Un catalyseur type VO_x/SiO_2 ayant une productivité importante en formaldéhyde présenterait une application potentielle pour l'oxydation ménagée du méthane en formaldéhyde à condition que la dispersion des espèces vanadium sur le support soit améliorée. Nous avons donc choisi, comme cela a été décrit dans le paragraphe I.3, d'étudier ce type de catalyseur en mettant au point une nouvelle méthode de préparation permettant d'assurer une bonne isolation sur la surface des espèces

19

vanadates monomériques. Il est évident qu'avec des catalyseurs de type VO_x/MCM, nous sommes dans un cas très favorable vu la très grande surface du support mésoporeux disponible pour assurer l'isolation des espèces vanadates [88]. L'utilisation des supports de type silice mésoporeuse qui ont un diamètre de pores de l'ordre de 30 Å et une surface spécifique de l'ordre 1000 $m^2.g^{-1}$ permet une grande dispersion des espèces vanadates sans gêner la diffusion des réactifs et des produits dans les pores. Avant de décrire nos préparations dans le chapitre IV, nous présentons dans le paragraphe II.2 les méthodes de préparations décrites dans la littérature pour ce type de catalyseur.

II.2. Méthodes de préparation des catalyseurs à base d'oxyde de vanadium sur support silice mésoporeuse.

De nombreuses études portant sur des catalyseurs à base de vanadium supporté sur silice mésoporeuse pour l'oxydation sélective des alcanes légers ont été publiées [86, 89-93]. Des catalyseurs à base de vanadium supporté sur MCM41 [94-96] et MCM48 [97, 98] ont récemment été proposés comme catalyseurs dans les réactions d'oxydation sélective du méthanol [99] et du méthane [85] en formaldéhyde. Ils sont également actifs pour la déshydrogénation oxydante du propane [100]. Des méthodes de préparation de ces catalyseurs ont été mises au point. Ce sont des méthodes d'imprégnation, de synthèse hydrothermale, d'échange de l'agent structurant et de greffage.

II.2.1. Préparation par imprégnation

La méthode la plus simple qui a été adoptée pour préparer les catalyseurs vanadium supporté sur MCM41 ou MCM48 est la méthode d'imprégnation. Par cette méthode, l'oxyde de vanadium est déposé par imprégnation à partir de solutions aqueuses de NH_4VO_3 ou de $VO(C_2O_4)$ [85]. La teneur en vanadium dans le solide est alors bien contrôlée. Par contre, l'utilisation de cette méthode ne permet pas d'empêcher la formation des espèces polymériques du vanadium (responsables de l'oxydation totale des alcanes, particulièrement celle du méthane). De plus, les solides de type MCM peuvent perdre partiellement leur structure mésoporeuse dans les conditions d'imprégnation généralement utilisées (présence d'eau, haute température) [101].

II.2.2. Préparation par synthèse hydrothermale

La synthèse hydrothermale de ces catalyseurs est basée sur celles de la préparation de MCM41 ou MCM48 dans un milieu basique. La formation des solides mésoporeux type MCM41 suit le mécanisme LTC (Liquid Crystal Templing) [102]. On utilise des composés du type Cétyl Tri Méthyl Amine Bromure (C_{16}TMABr) comme surfactants, du Tétra Ethyl Ortho Silicate (TEOS) ou du silicate de sodium comme source de silicium et $VOSO_4.3H_2O$ comme source de vanadium. Le gel obtenu par mélange de ces constituants est placé dans un autoclave à une température comprise entre 135 et 150°C pendant plusieurs jours. Le solide obtenu est séparé par filtration, lavé et calciné. [85, 88, 103, 104]. Le vanadium dans ces solides est presque totalement extrait par le solvant utilisé pour le lavage et la dissolution des molécules de surfactant. Pour ces raisons, le rapport V/Si des solides obtenus est nettement plus faible que celui du gel. La teneur en vanadium de ces catalyseurs est donc très difficile à contrôler. Elle dépend fortement des conditions de préparation. Le vanadium restant est probablement emprisonné dans les parois du solide et il y a très peu d'espèces vanadium accessibles sur la surface du support MCM, ceci au détriment de la performance des catalyseurs [88, 102, 104].

II.2.3. Préparation par échange de l'agent structurant

Cette méthode est basée sur l'échange des cations de surfactant dans les pores du support mésoporeux MCM41 avant calcination avec les cations vanadyl VO^{2+} dans une solution aqueuse [104]. Après séchage sous vide à 40°C, une MCM41 obtenue par synthèse hydrothermale contient environ 50% de surfactant dans les pores. Ce solide est introduit dans une solution de $VO(C_2O_4)$, sous agitation pendant une heure à température ambiante, puis à 80°C pendant 20 heures pour permettre à l'échange

21

d'ions de se faire. Cette méthode permet d'introduire plus de vanadium dans la MCM41 que la méthode hydrothermale tout en conservant sa structure mésoporeuse. Les espèces vanadium sur les solides préparés par cette technique sont facilement accessibles. Cependant, l'échange des cations peut devenir plus difficile dans les pores profonds. Les espèces vanadium peuvent se trouver essentiellement près de la surface externe avec peu de liaisons durables entre eux et le support. La migration et l'agrégation des espèces vanadium au cours de la calcination sont souvent inévitables.

II.2.4. Préparation par greffage

Le principe de cette méthode est la réaction du complexe acétylacétonate de vanadium (VO(acac)$_2$) sur le support mésoporeux ou amorphe [106]. Elle s'effectue en phase liquide à la température ambiante. Le support est maintenu sous agitation pendant 1 heure dans une solution de toluène, séché sur zéolithe, contenant le complexe. Après réaction, le support modifié est filtré, lavé par du toluène et séché sous vide. Le solide obtenu est conservé sous azote pour éviter une hydratation avant calcination.

L'acétylacétonate de vanadium réagit avec les groupements silanols de la surface pour former des liaisons d'hydrogène entre les groupes OH de la surface et les ligands acétyl-acétonate. Une partie du complexe réagit plus profondément avec les groupes siloxane très réactifs du support mésoporeux avec la formation de liaisons covalentes et la création de groupes silanols et d'espèces vanadium isolées comme le montre la figure IV.1. Par contre, les complexes liés uniquement par des liaisons hydrogène peuvent s'agglomérer plus facilement au cours de la calcination et former des espèces polymériques.

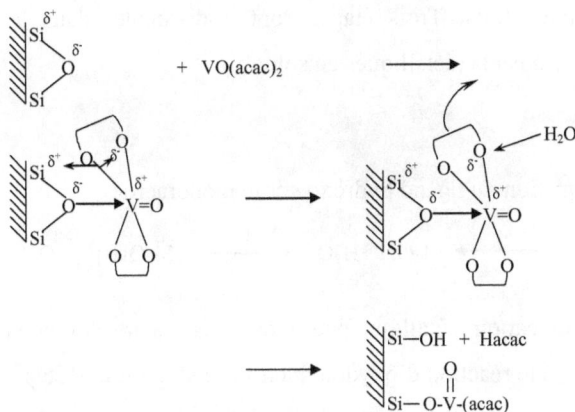

Figure II.7 : Mécanisme réactionnel de l'adsorption du VO(acac)$_2$ sur une MCM-48 [106].

Cette méthode présente l'avantage de conserver les propriétés de la MCM48 après greffage des espèces VO$_x$ mais l'agrégation des espèces vanadates et la formation de cristaux de V$_2$O$_5$ sont inévitables à haute teneur en vanadium.

Les principaux inconvénients des catalyseurs obtenus par les méthodes citées ci-dessus résident dans la très faible teneur en vanadium (<1% masse) nécessaire pour n'assurer la formation que d'espèces vanadium monomériques et dans la faible isolation des espèces vanadium à haute teneur en vanadium.

II.3. Principes de base pour la mise au point d'une méthode de préparation

II.3.1. Généralités sur la condensation des espèces inorganiques en solution aqueuse

Dans une solution aqueuse, le solide inorganique est formé par l'assemblage d'une infinité d'entités élémentaires comme un polymère organique. De manière générale, cette polymérisation inorganique met en jeu des réactions d'hydroxylation et de condensation en solution qui sont favorisées dans le cas d'espèces comportant des centres électrophiles forts. Trois étapes sont à distinguer dans le processus de condensation des éléments métalliques en solution :

- L'initiation

Il s'agit de la formation du ligand hydroxo sur le monomère :

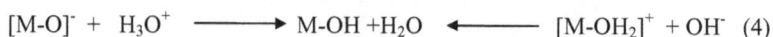

$$[M\text{-}O]^- + H_3O^+ \longrightarrow M\text{-}OH + H_2O \longleftarrow [M\text{-}OH_2]^+ + OH^- \quad (4)$$

L'hydroxylation du cation métallique peut être réalisée soit selon une réaction acido-basique soit selon une réaction d'oxydoréduction. Il s'agit d'une étape d'initiation du processus de condensation et le complexe hydroxylé constitue le précurseur des produits de condensation.

- La propagation

Dès lors qu'une espèce hydroxylée apparaît en solution, la condensation peut intervenir et entraîner la formation de ponts oxygénés entre les cations métalliques. Du point de vue thermodynamique, l'attaque nucléophile est d'autant plus facile que l'espèce hydroxo présente un pouvoir nucléophile important ($\delta_{OH} < 0$) et que l'espèce condensable présente un pouvoir électrophile suffisamment fort ($\delta_M > 0.3$) [107]. Par contre, du point de vue cinétique, si les vitesses d'hydroxylation et de condensation sont très rapides, le système peut se diriger vers la formation d'un précipité.

- La terminaison

Dans des conditions acido-basiques données, l'interruption spontanée de la croissance d'un objet en solution peut intervenir à un stade très variable. La condensation peut être limitée à la formation d'oligomères ou se prolonger jusqu'à la précipitation d'un solide. La condensation de complexes hydroxylés et électriquement chargés s'arrête toujours à un stade fini, laissant en solution des espèces discrètes, polycations, polyanions selon que le complexe monomère est un cation ou un anion. Pendant la condensation, les ligands OH dans le polymère peuvent perdre leur pouvoir nucléophile ($\delta_{OH} > 0$) et les cations peuvent perdre leur pouvoir électrophile ($\delta_{Me} < 0,3$). En général, le pouvoir nucléophile des ligands

24

hydroxo s'annule dans les polycations et le pouvoir électrophile du cation s'annule dans les polyanions [107]. La condensation de complexes électriquement neutres se poursuit, par contre, indéfiniment jusqu'à la précipitation. L'élimination d'eau n'entraîne jamais une variation suffisante de l'électronégativité moyenne de l'espèce en croissance pour annuler la réactivité des groupements fonctionnels [107]. Il est également possible de faire intervenir des phénomènes rédox pour élever ou abaisser la charge formelle des éléments métalliques, faire apparaître le ligand hydroxo dans la sphère de coordination du cation ou changer la capacité de condensation des éléments métalliques.

II.3.2. Voies de condensation des ions métalliques en solution

On distingue trois voies de condensation des ions métalliques en solution :
- La Déstabilisation d'une Suspension Colloïdale (DSC) en milieu aqueux,
- La Polymérisation d'Entités Moléculaires (PEM) en milieu organique,
- La voie dite voie micellaire intervenant dans le cas où des agents surfactants (tensio-actifs) ou des agents structurants sont utilisés. Cette dernière méthode peut être rapprochée de l'une ou de l'autre des voies précitées.

II.3.2.1. Voie de déstabilisation d'une suspension colloïdale (DSC)

La déstabilisation d'une suspension colloïdale se fait à partir d'une solution aqueuse des précurseurs qui sont des sels ou des alcoxydes d'hétéro-éléments. Les comportements des cations en milieu aqueux peuvent être décrits par un modèle dit modèle des charges partielles [107]. Les deux principaux mécanismes de condensation sont l'olation et l'oxolation qui impliquent tous deux l'élimination de molécules d'eau.

$$\text{Olation :} \quad \text{M-OH} + \text{M-OH}_2 \longrightarrow \text{M-}\overset{\overset{\displaystyle H}{|}}{\text{O}}\text{-M} + H_2O \qquad (5)$$

$$\text{Oxolation :} \quad \text{M-OH} + \text{M-OH} \longrightarrow \text{M-O-M} + H_2O \qquad (6)$$

La stabilité de la solution ou son évolution vers un précipité dépend des interactions interparticuliaires :

- les interactions attractives de type Van der Walls,
- les interactions répulsives de nature électrostatique provenant de l'excès de charges à la surface de la particule minérale où se produit l'adsorption des contre-ions présents dans la solution.

La méthode DSC est bien adaptée à des développements industriels car elle fait appel à des précurseurs (des sels minéraux) et à un solvant (l'eau) simples d'utilisation. Par contre, le contrôle des nombreux paramètres qui la régissent est souvent délicat, surtout lorsque l'on travaille en milieu concentré. Enfin, il est utile de signaler que le modèle des charges partielles qui rend compte de la condensation des précurseurs en DSC peut être appliqué d'une façon plus large à la synthèse d'oxydes minéraux par des méthodes de chimie en milieu aqueux. Il a notamment été utilisé pour décrire le mécanisme de formation de poudres minérales par précipitation [108] ou de zéolithes par synthèse hydrothermale [109].

II.3.2.2. Voie de polymérisation d'entités moléculaires (PEM)

La polymérisation d'entités moléculaires, qui est réalisée à partir des alcoxydes d'hétéroéléments en milieu organique, conduit à des sols ou des gels polymériques [110]. Les alcoxydes jouent le rôle de monomères qui s'hydrolysent partiellement et se condensent. Les polymères ainsi formés ont une composition hybride organo-inorganique dont la partie organique permet leur maintien en solution dans le solvant jusqu'à l'étape de réticulation et de formation du gel ou du précipité.

$$\text{Hydrolyse :} \quad h\,H_2O + M(OH)_n \longrightarrow M(OR)_{n-h}(H_2O)_h + h\,R(OH) \quad (3)$$

$$\text{Condensation :} \quad MOH + MOH \longrightarrow MOM + ROH \quad (4)$$

$$MOH + MOH \longrightarrow MOM + H_2O \quad (5)$$

La polymérisation conduit, dans un premier temps, à la formation d'oligomères en solution. Ces chaînes s'assemblent entre elles par des nœuds de réticulation, engendrant ainsi un réseau tridimensionnel qui peut conduire soit à un gel soit à un précipité. Cette évolution du système dépend essentiellement du rapport des vitesses des réactions d'hydrolyse et de condensation. Par exemple, si la vitesse d'hydrolyse est très rapide par rapport à celle de condensation, le précurseur peut s'hydrolyser entièrement sous forme $M(OH)_n$. La perte de la totalité des groupes organiques défavorise la solubilité dans un solvant organique et entraîne la précipitation d'hydroxyde [111]. Si la vitesse de condensation est également rapide, des polymères minéraux de petite taille bien dispersés peuvent se former et conduire à des sols et à des gels [112].

II.3.3. Les espèces monomériques V^{5+} en solution aqueuse

Les domaines d'existence des différentes espèces vanadium en solution aqueuse sont présentés sur la figure IV.2 [113, 114].

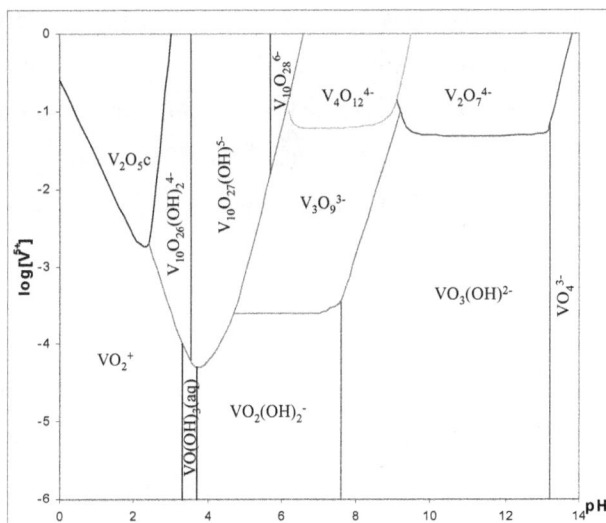

Figure IV. 1 : Domaines d'existence des espèces vanadium pentavalentes en solution aqueuse à 25°C

27

On distingue des domaines d'existence d'espèces vanadium monomériques en solution avec des formes différentes : VO_2^+, $VO(OH)_3$, $VO_2(OH)_2^-$, $VO_3(OH)^{2-}$ et VO_4^{3-}. A haute teneur en vanadium et à faible pH, l'existence des espèces vanadium oligomériques devient prépondérante. Par ailleurs, la co-condensation entre des espèces vanadium et silicium nécessite des groupes hydroxyles sur ces espèces. Nous avons donc observé que trois espèces monomériques $VO(OH)_3$, $VO_2(OH)_2^-$, $VO_3(OH)^{2-}$ peuvent être utilisées pour effectuer la co-condensation.

II.3.4. Modélisation du comportement des ions métalliques dans la solution aqueuse par le modèle des charges partielles

II.3.4.1. Introduction

Les propriétés acido-basiques d'un complexe aqueux en solution résultent de la polarisation de l'eau coordinée par les cations. La réactivité des complexes et la condensation sont gouvernées par la polarité des liaisons. Pour prévoir l'éventualité d'une réaction, il est utile de connaître la distribution de la densité électronique dans l'entité chimique considérée. Cette distribution est caractérisée par les charges partielles portées par les atomes au sein de l'entité, d'où vient le modèle des charges partielles. Ce modèle, basé sur le principe de Sanderson d'égalisation des électronégativités dans un composé, permet d'obtenir des estimations absolues des charges [107].

II.3.4.2. Modèle des charges partielles

L'électronégativité (χ) est définie comme un potentiel chimique électronique, au même titre qu'un potentiel chimique (μ) : dans un système d'atomes hors équilibre, il doit y avoir un flux de densité électronique des régions de potentiel élevé vers celles de potentiel plus faible. L'électronégativité absolue d'un atome est une fonction de la charge δ de l'atome et la relation s'écrit :

$$\chi_a = \chi_a^o + \eta\Delta N \qquad (6)$$

où : χ_a^o : électronégativité relative à l'atome neutre (état standard)

   η : dureté

   ΔN : variation de charge

La dureté (η) traduit la résistance du potentiel chimique électronique au changement du nombre d'électrons autour de l'atome. L'inverse de la dureté est la mollesse : $\sigma = 1/\eta$.

Le principe du modèle consiste à établir cette fonction et à considérer que dans une combinaison d'éléments, les électronégativités des différents atomes s'ajustent par variation de la charge.

Lorsque l'on forme une combinaison d'atomes, les termes absolus de l'électronégativité (χ_a) des atomes libres subissent une perturbation $\Delta\chi$ du fait des changements de forme et de taille des atomes dans la combinaison (effet de covalence). Le potentiel électronique local sur chaque atome neutre i s'exprime par ($\chi_{ai} + \Delta\chi$).

En raison des transferts électroniques dus à la formation de la liaison, les charges potentielles des atomes créent un potentiel électrostatique qui s'ajoute au potentiel électronique local. Le potentiel électrostatique comprend un terme ($\eta_{ai}+\Delta\eta$)δ_i, qui résulte de la présence de la charge partielle δ_i sur l'atome i et un terme $\Sigma(\delta_j/R_{ij})$ lié à la présence de charge δ_j portée par les atomes voisins j aux distances R_{ij}. L'électronégativité des atomes combinés est alors donnée par :

$$\chi_i = (\chi_{ai} + \Delta\chi) + (\eta_{ai}+\Delta\eta)\delta_i + \Sigma(\delta_j/R_{ij}) \qquad (7)$$

Cette expression nécessite de connaître les perturbations que subissent les électronégativités et les duretés du fait de la combinaison. Comme les termes $\Delta\chi$ et $\Delta\eta$ sont inconnus, on pose :

$$\chi^* = \chi_a + \Delta\chi \quad \text{et} \quad \eta^* = \eta_a + \Delta\eta \qquad (8)$$

La dureté et l'électronégativité sont liées. Selon l'échelle d'électronégativité d'Allred-Rochow, on peut écrire :

$$\eta^* = k \, (\chi^*)^{0.5} \qquad\qquad (9)$$

où : k est une constante d'ajustement.

La formation d'une liaison entraîne une égalisation d'électronégativité des atomes constituant la liaison. Cette égalisation qui concerne les transferts des électrons entre les atomes est équivalente à l'égalisation des potentiels chimiques. Le sens des transferts électroniques entre les atomes est fixé par les valeurs relatives des électronégativités. L'intensité des transferts dépend de la dureté des atomes liés. Ce principe est également valable pour des édifices atomiques plus complexes et les divers transferts électroniques cessent lorsque chaque atome dans le groupement a acquis la même électronégativité moyenne χ qui est aussi celle du groupement. Les électronégativités des atomes liés dans un groupement convergent vers une valeur moyenne χ, liée à leurs charges partielles. La connaissance de cette valeur moyenne permet d'évaluer ces charges.

En première approximation, on néglige, pour un atome dans un édifice, la perturbation induite par la présence des atomes voisins de l'atome i, devant la perturbation due à la présence de la charge δ_i sur cet atome. L'électronégativité de l'atome i dans un groupement s'exprime alors selon l'expression :

$$\chi_i = \chi_i^* + \eta_i^* \, \delta_i \quad \text{avec} \quad \eta^* = k \, (\chi^*)^{0.5} \qquad\qquad (10)$$

A l'équilibre, dans le groupement d'atomes, le principe d'égalisation des électronégativités conduit à :

$$\chi = \chi_i^* \quad \text{soit} \quad \chi_i = \chi^* + \eta_i^* \, \delta_i \qquad\qquad (11)$$

d'où : $\qquad\qquad \delta_i = (\chi - \chi_i^*) / \eta_i^* \qquad\qquad (12)$

ou de façon équivalente : $\delta_i = (\chi - \chi_i^*) \sigma^* \qquad\qquad (13)$

La conversion de la charge globale z de l'édifice s'exprime par :

$$\Sigma \delta_i = z \qquad\qquad (14)$$

On obtient finalement : $\chi = (\Sigma(\chi_i^*)^{0.5} + 1{,}36z)/\Sigma(1/(\chi_i^*)^{0.5})$ (15)

avec k =1,36 selon l'échelle d'Allred-Rochow

ou : $\chi = (\Sigma\sigma_i^*\chi_i^* + z)/\Sigma(1/\sigma_i^*)$ (16)

χ peut ainsi être calculé pour n'importe quel groupement d'atomes, à partir de la composition, de la charge z du groupement et des électonégativités de chacun des atomes. On peut alors très facilement accéder au calcul des charges partielles.

II.4. Références bibliographiques

[1]   R. L. McCormick, M. B. Al-Sahali, G. O. Alptekin, *Appl. Catal. A*, 226 (2002) 129.

[2]   D.A. Dowen, C.R. Walker, *U.K Patent* 1 244 001 (1971).

[3]   Q. Huo, D. I. Margolese, U. Ciesla, D. G. Demuth, P. Feng, T. E. Gier, P. Sieger, A. Firouzi, B. F. Chmelka, F. Schüth, G. D. Stucky, *Chem. Mater.,* 6 (1994) 1176.

[4]   M. Y. Sinev, V.N. Korshark, O.V. Krylov, *Russ. Chem. Rev.,* 58 (1989) 22.

[5]   M.J. Brown, N.D. Parkyns, *Catal. Today,* 8 (1991) 305.

[6]   A. W. Sexton, B. K. Hodnett, *3rd World Congress on Oxidation Catalysis,* R. K. Grasselli, S. T. Oyama, A. M. Gaffney, J. E. Lyons (Eds), Elsevier Sci. 1997, 1129.

[7]   O. V. Krylov, *Catal. Today,* 18 (1993) 209.

[8]   I. A. Dardanian, A. B. Nalbandyan, *Int. J. Chem. Kinet.,* 17 (1985) 901.

[9]   P. S. Yarlagadda, L. A. Morton, N. R. Hunter, H. D. Gesser, *Ind. Eng. Chem. Res.,* 27 (1988) 252.

[10]   R. Burch, G.D. Squire, S.C. Tsang, *J. Chem. Soc., Faraday Trans. I,* 85 (1989) 3561.

[11] O. T. Onsager, R. Lodeng, P. Sovaker, A. Anundskaas, B. Helleborg, *Catal. Today*, 4 (1989) 355.

[12] N.R. Hunter, H.D. Gesser, L. A. Morton, P. S. Yarlagadda and D. P. C. Fung, *Appl. Catal.*, 29 (1988) 8.

[13] K. Ogura, C.T. Migita, M. Fujita, *Ind. Eng. Chem. Res.*, 27 (1988) 1381.

[14] C.T. Migita, S. Chaki, K. Ogura, *J. Phys. Chem.*, 93 (1989) 6368.

[15] L. Ogura, C.T. Migita, T. Yamade, *J. Photochem. Photobiol.*, 52 (1990) 241.

[16] N. R. Hunter, H. D. Gesser, L. A. Morton, P. S. Yarladadda, D. P. C. Fung, *Appl. Catal.*, 57 (1990) 45.

[17] H. D. Gesser, N. R. Hunter, C . B. Prakah, *Chem. Rev.*, 85 (1985) 235.

[18] X. K. Huang, J. Haggin, *Chem. Eng. News*, 68 (1990) 220.

[19] Q. Zang, D. He, Z. Han, X. Zhang, Q. Zhu, *Fuel*, 81 (2002) 1599.

[20] Y. Teng, H. Sakurai, K. Tabata, E. Suzuki, *Appl. Catal. A*, 190 (2000) 283.

[21] S. Kowalak, J. B. Moffatt, *Appl. Catal.*, 36 (1988) 139.

[22] N. I. Ilchenco, V. G. Ilyine, L. N. Raevskaya, N. V. Turitina, A. D. Onishchenko, A. I. Bostan, *React. Kinet. Catal. Lett.*, 38 (1989) 141.

[23] J. R. Anderson, P. Tsai, *J. Chem. Soc. Chem. Commun.*, (1987) 1435.

[24] K. J. Zhen, M. M. Khan, C. H. Mak, K. B. Lewis, G. A. Somorjai, *J. Catal.*, 94 (1988) 501.

[25] R. S. Liu, A. Kido, N. Azuma, A. Ueno, Y. Udagawa, *J. Catal.*, 190 (2000) 118.

[26] Y. Teng, H. Sakurai, K. Tabata, E. Suzuki, *Appl. Catal. A*, 190 (2000) 283.

[27] K. Otsuka, Y. Wang, *Appl. Catal. A*, 222 (2001) 145.

[28] H. R. Gerberich, A. K. Stautzenberger, W. C. Hopkins, Concise Encyclopedia of Chemical Technology, ed. H. F. Mark et al, Witley, New York, 1990 p.528.

[29] R. Pitchai, Klier, *Catal. Rev. Sci. Eng.*, 28 (1986) 13.

[30] M. Yu. Sinev, V. N. Korshak, O. V. Krylov, *Russ. Chem. Rev.*, 58 (1989) 22.

[31] C. F. Cullis, D. E. Keene, D. L. Trimm, *J. Catal.*, 19 (1970) 378.

[32] R. S. Mann, M. K. Dosi, *J. Chem. Technol. Biotechnol.*, 29 (1979) 467.

[33] K. Otsuka, M. Hatano, *J. Catal.*, 108 (1987) 252.

[34] D. A. Dowden, K. R. Schnell, J. T. Walker, Reprints of papars for IVth International Congress on Catalysis, Moscow 1988, ed. J. Hightower, The Catalysis Society, Houston, p. 1120.

[35] V. A. Borko, V. I. Gomonai, K. Yu Sekeresh, *React. Kinet. Catalysis Lett.,* 14 (1980) 439.

[36] V. I. Gomonai, *Kataliz i. Katali.,* Kiev, Naukova Dumka, 26 (1989) 52.

[37] G. N. Kastanos, G. A. Tsigdinos, J. Schwank, *Chem. Commun.,* 19 (1988) 1298.

[38] A. Ya Averbukh, N. Y. Pavlova, *Get. Katal. Proc.,* Leningrad, (1979) p. 94.

[39] I. A. Zuev, A. V. Vilenskii, I. P. Mukhlenov, *Zhur. Prikl. Khim.,* 61 (1989) 2801.

[40] Yu A. Ivanov, A. Ya Averbukh, I. P. Mukhlenov, L. I. Masienko, Abstracts I. Conference on Oxidation Catalysis, Baku, 2 (1978) 576.

[41] M. D. Spencer, *J. Catal.,* 109 (1988) 187.

[42] T. Tatsui, Y. Aimoto, H. Tominaga, Proc. Symp. on Methane Activation Intern. Chem. Congress on Pacific Basin Soc., Honolulu, Hawaji, 1989, p. 149.

[43] R. Pichai, K. Klier, *Catal. Rev.,* 28 (1986) 14.

[44] E. McGiola, M. Kennedy, J. B. McMogable, B. K. Hodnett, *Catal. Today,* 6 (1990) 559.

[45] Y. Barbaux, A. E. Elamarani, J. P. Bonnelle, *Catal. Today,* 1 (1987) 144.

[46] K. Aoki, M. Ohme, T. Nanba, K. Takeishi, N. Azuma, A. Ueno, H. Ohfune, H. Hayashi, Y. Udagawa, *Catal. Today,* 45 (1998) 29.

[47] N. D. Spencer, C. J. Pereira, *J. Catal.,* 116 (1989) 399.

[48] R. G. Herman, Q. Sun, C. Shi, K. Klier, C-B. Wang, H. Hu, I. E. Wachs, M. M. Bhasin, *Catal. Today*, 37 (1997) 1.

[49] A. M. Volodin, V. A. Bolshov, *Kinetika i. Kataliz*, 34 (1993) 127.

[50] I. Lee, K. Y. S. Ng, Preprints, Div. Fuel Chem., ACS, 33 (1988) 403.

[51] H. P. Liu, R. S. Liu, K. L. Liew, R. J. Johnson, J. H. Lunsford, *J. Am. Chem. Soc.*, 106 (1984) 4117.

[52] R. J. Zhan, M. M. Khan, C. H. Mak, G. A. Somorjai, *J. Catal.,* 94 (1985) 501.

[53] E. McGiolla, B. K. Hodnett, Proc. I,tern. Congress « New Developments in Selective Oxidation », Rimini, Italy, 1989, Elsevier, 1990, p. 459.

[54] M. A. Bañares, L. J. Alemany, M. L. Granados, M. Faraldos, J. L. G. Fierre, *Catal. Today,* 33 (1997) 73.

[55] A. Parmaliana, F. Frusteri, F. Arena, A. Mezzapica, V. Sokolovskii, *Catal. Today*, 46 (1998) 117.

[56] F. Frusteri, A. Arena, G. Martra, S. Coluccis, A. Mezzapica, A. Parmaliana, *Catal. Today*, 64 (2000) 97.

[57] I. C. Bafas, I. E. Constantinou, C. G. Vayenas, *Chem. Eng. J.,* 82 (2001) 109.

[58] V. Amir-Ebrahimi, J. J. Rooney, *J. Mol. Catal.,* 50 (1989) L17.

[59] G. Katanas, G. Tsigdinos, J. Schwank, in Proceedings of the AIChE Spring National Meeting, Houston, April 1989, p. 52.

[60] T. Sugino, A. Kido, N. Azuma, A Ueno, Y. Udagawa, *J. Catal.,* 190 (2000) 118.

[61] R. L. McCormick, G. O. Alptekin, *Catal. Today*, 55 (2000) 269.

[62] T. Kobayashi, N. Guilhaume, J. Miki, N. Kitamura, M. Haruta, *Catal. Today*, 32 (1996) 171.

[63] Y. Wang, H. Otsuka, K. Ebitani, *Catal. Lett.*, 35 (1995) 259.

[64] B. Berndt, A. Martin, A. Brücker, E. Schreier, D. Müller, H. Kosslick, G.-U. Wolf and B. Lücker, *J. Catal.*, 191 (2000) 384.

[65] K. Otsuka, M. Hatano, *J. Catal.*, 108 (1987) 252.

[66] S. Kasztelan, J. B. Moffatt, *J. Catal.*, 106 (1987) 512.

[67] S. Kasztelan, J. B. Moffatt, *J. Chem. Soc. Chem. Commun.*, (1987) 1663.

[68] G. N. Kastanas, G.A. Tsigdinos, J. Schwank, *Appl. Catal.*, 44 (1988) 33.

[69] E. Y. Garcia, D. G. Löffler, *React. Kinet. Catal. Lett.*, 26 (1984) 61.

[70] N. D. Spencer, C.J. Pareira, *J. Catal,* 116 (1989) 399.

[71] I. A. Guliev, A. K. Mamedo, V. S. Aliev, *Azerbaizan Khim. Zhur.*, (1985) 35.

[72] K. J. Zhen, C. W. Teng, Y. L. Bi, *React. Kinet. Catal. Lett.*, 34 (1987) 295.

[73] M. Kennedy, A. Sexton, B. Kartheuser, E. Mac. Giolla Coda, J. B. McMonagle, B. K. Hodnett, *Catal. Today*, 13 (1992) 447.

[74] M. A. Bañares, L. J. Alemany, M. Lopez Granados, M. Haraldos, J.L.G. Fierro, *Catal. Today*, 33 (1997) 73.

[75] F. Arena, F. Frusteri, A. Parmaliana, N. Giordano, *J. Catal.*, 143 (1993) 299.

[76] M. A. Bañares, J.L.G. Fierro and J. B. Moffat, *J. Catal.*, 142 (1993) 406.

[77] T. Sugino, A. Kido, N. Ayuma, A. Ueno, Y. Udagawa, *J. Catal.*, 190 (2000) 118.

[78] A. De Lucas, J. L. Valverde, L. Rodriguez, P. Sanchez, T. T. Garcia, *App. Catal. A*, 203 (2000) 81.

[79] M. Soick, O. Buyevskaya, M. Höhenberger, D. Wolf, *Catal. Today*, 32 (1996) 163.

[80] T. Sugino, A. Kido, N. Azuma, A. Ueno, Y. Udagawa, *J. Catal.*, 190(2000) 118.

[81] A. Kido, H. Iwamoto, N. Azuma, A. Ueno, *Catal. Sur. Jap.*, 6 (1/2) (2002) 45.

[82] M. Faraldos, M. A. Bañares, J. A. Anderon, H. Hu, I. E. Wachs, J. L. G. Fierro, *J. Catal.,* 160 (1996) 214.

[83] L.-X. Dai, Y.-H. Teng, K. Tabata, E. Suzuki, T. Tatsumi, *Micro. and Meso. Mater.*, 44-45 (2001) 573.

[84] R. K. Grasselli, *Topics in Catalysis,* 15 (2-4) (2001) 93.

[85] H. Berndt, A. Martin, A. Brückner, E. Schreier, D. Müller, H. Kosslick, G. U. Wolf, B. Lücke, *J. Catal.*, 191 (2000) 384.

[86] M. L. Peña, A. Dejoz, V. Fornés, F. Rey, M. I. Vázquez, J. M. López Nieto, *App. Catal. A*, 209 (2001) 155.

[87] M. Faraldos, M. A. Bañares, J. A. Anderson, H. Hu, I. E. Wachs, J. L. G. Fierro, *J. Catal.*, 160 (1966) 214.

[88] A. Tuel, *Micro. and Meso. Mater.*, 27 (1999) 151.

[89] A. Bielanski, J. Haber, *Catal. Rev.-Sci. Eng.*, 19 (1979) 1.

[90] D. B. Dadyburjor, S. S. Jewur, E. Ruckenstein, *Cata. Rev.-Sci. Eng.*, 19 (1979) 293.

[91] G. Deo, I. E. Wachs, J. Haber, *Cri. Rev. Surf. Chem.*, 4 (1994) 141.

[92] G. C. Bond, S. F. Tahir, *Appl. Catal.*, 71 (1991) 1.

[93]   S. T. Oyama, *Res. Che. Intermediates*, 15 (1991) 165.

[94]   K. M. Reddy, I. Moudrakovski, A. Sayari, *J. Chem. Soc. Chem. Commun.*, (1992) 589.

[95]   R. Neumwnn, A.M. Khenlin, *Chem. Commun.*, (1996) 2643.

[96]   J. S. Reddy, A. Sayari, *J. Chem. Soc. Chem. Commun., (1995) 2231.

[97]   A. Sayari, *Chem. Mater.*, 8 (1996) 1840.

[98]   R. D. Oldroyd, G Sankar, J. M. Thomas, M. Hummius, J. F. Maier, *J. Chem. Soc.*

Faraday Trans.*, 94 (1998) 3177.

[99]   S. Lim, G. L. Haller, *Appl. Catal. A,* 188 (1999) 277.

[100] J. M. López Nieto , M.L. Peña, F. Rey, A. Dejoz, M. I. Vázquez in Abstract of 217th

ACS Natinal Meeting, Anaheim, Marzo, 1999, CATL-012.

[101] S. Wang, D. Wu, Y. Sun, B. Zhong, *Mater. Res. Bull.,* 36 (2001) 1717.

[102] Di Wei, Wei-Te Chueh, Gary L. Haller, *Catal. Today,* 51 (1999) 501.

[103] D. Wei, H. Wang, X. Feng, W. T. Chueh, P. Ravikovitch, M. Lyubovsky, C. Li, T. Takeguchi, G. L. Haller, *J. Phys. Chem. B*, 103 (1999) 2113.

[104] Z. Luan, J. Xu, H. He, J. Klinoswki, L. Kevan, *J. Phys. Chem.,* 100 (1966) 19595.

[105] Y. Wang, Q. Zang, Y. Ohishi, T. Shishido, K. Takehira, *Catal. Lett.*, 72 N°3-4 (2001) 215.

[106] M. Baltes, K. Cassiers, P. Van Der Voort, B. M. Weckhuysen, R. A. Schoonheydt, E. F. Vansant, *J. Catal.*, 197 (2001) 160.

[107] J.P. Jolivet, De la solution à l'oxyde, Savoirs actuels, InterEditions/ CNRS Edition, 1994.

[108] M. Henry, J. Jolivet, J. Livage, Aqueous chemistry of metal cations : hydrolysis, condensation and complexation, Structure and Bonding, 77 (1992) 153.

[109] J. Livage, J. C. Jansen, M. Stöcker, H. G. Karge, J. Wietkamp, Surf. Sci. and Catal., Elsevier Science B. V., Amsterdam, 85 (1994) 1.

[110] J. Livage, C. Sanchez, *J. Non-Crystalline Solids,* 145 (1992) 11.

[111] B. E. Yoldas, *J. Appl. Chem. Biotechnol.,* 23 (1973) 803.

[112] C. Sanchez, J. Livage , *New J. Chem.,* 14 (1990) 513.

[113] B. M. Weckhuysen, D. E. Keller, *Catal. Today,* 2811 (2001) 1.

[114] C. F. Base, R. E. Mesmer, The Hydrolysis of Cation, Wiley, New York, 1970.

CHAPITRE III : MISE AU POINT DU TEST CATALYTIQUE

III.1 Introduction

Le développement d'un catalyseur performant pour l'oxydation du méthane en formaldéhyde a nécessité la mise au point d'un dispositif de test catalytique dédié à cette réaction. Nous avons donc construit et mis au point un appareillage qui est présenté dans ce chapitre. Les méthodes de calcul utilisées et les tests à blanc sont également présentés. Les résultats obtenus par chromatographie s'appuient sur une analyse chimique du formaldéhyde.

Enfin, pour comparer nos résultats avec ceux de la littérature, nous avons entrepris de reproduire certains de ces résultats. Cela a nécessité la synthèse, la caractérisation et le test catalytique de plusieurs catalyseurs qui sont décrits dans ce chapitre.

III.2 Montage et technique expérimentale

Le schéma général du montage ayant permis de tester nos catalyseurs pour l'oxydation ménagée du méthane en formaldéhyde est présenté sur la figure III.1. Les tests sont effectués à pression atmosphérique à l'aide d'un réacteur à flux continu de type différentiel.

L'alimentation des réactifs gazeux est réglée par des débitmètres massiques de type Brooks. Le problème de l'ajout d'eau aux réactifs a été résolu en synthétisant en ligne la vapeur d'eau à partir d'un mélange d'hydrogène et d'oxygène par passage sur une colonne remplie d'un catalyseur au platine déposé sur alumine et maintenue à 210°C. Nous avons choisi l'azote comme gaz vecteur.

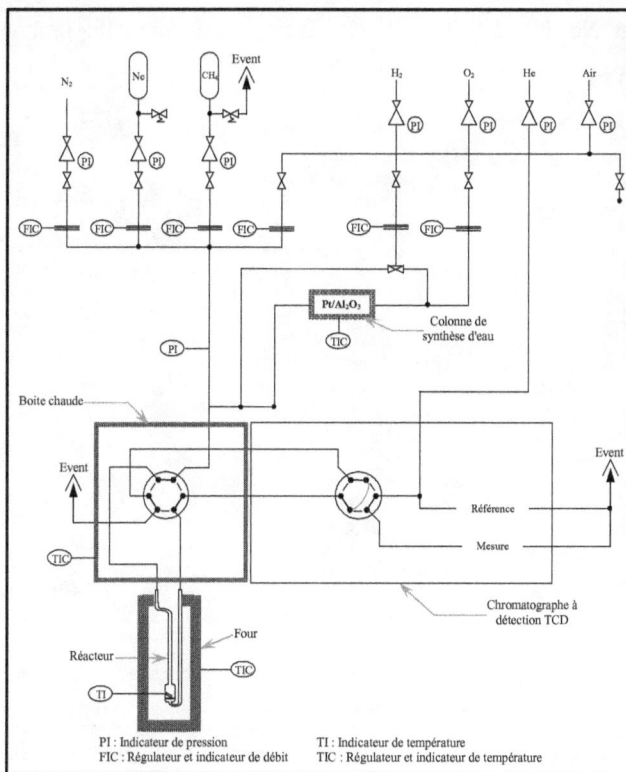

Figure III. 1 : Schéma général du test catalytique d'oxydation ménagée du méthane.

Les analyses des produits formés au cours de la réaction ainsi que des réactifs se font en ligne sur un chromatographe en phase gazeuse (CHROMPACK CP-3800), équipé de deux colonnes : HayesepT et Molsieve 5Å qui servent à séparer respectivement les composants lourds, polarisés (CH_4, CO_2, C_2H_4, C_2H_6, HCHO, H_2O, CH_3OH) et légers (Ne, O_2, N_2, CO). Nous utilisons le néon comme étalon interne afin de déterminer les erreurs dues à la dilution lorsque le méthane est converti en oxydes de carbone et nous pouvons ainsi faire un bilan carbone et un bilan oxygène de la réaction. Nous avons préalablement étalonné les réactifs ainsi qu'un certain nombre de produits de

39

réaction susceptibles de se former dans nos conditions expérimentales. Les produits carbonés étalonnés sont: le méthane (CH_4), le formaldéhyde (HCHO), le méthanol (CH_3OH), l'éthylène (C_2H_4), l'éthane (C_2H_6), CO et CO_2. Les autres composés étalonnés sont Ne, N_2, O_2 et H_2O. Un exemple de chromatogramme obtenu est présenté sur la figure III.2.

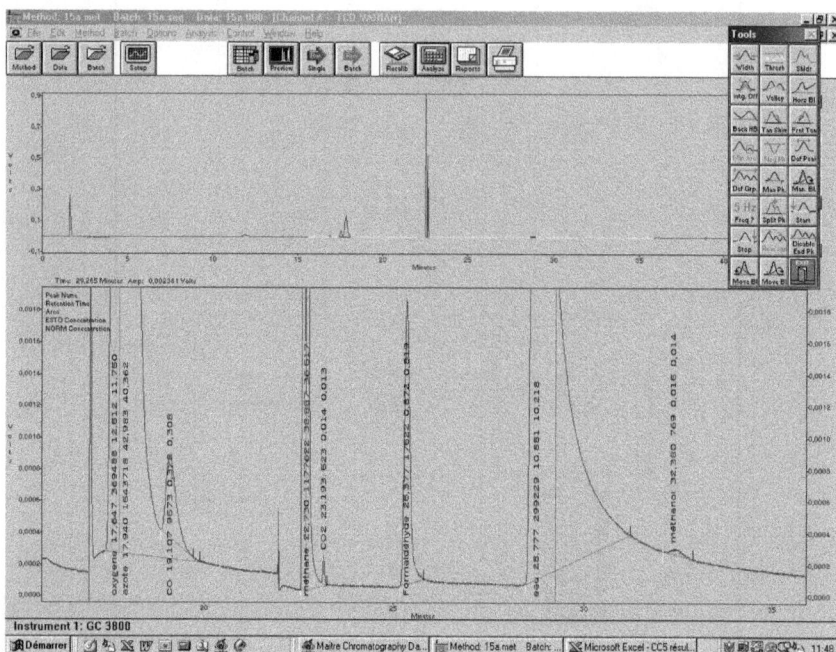

Figure III. 2: Un exemple de chromatogramme du test de méthane.

Le tableau III.1 présenté dans la page suivante regroupe les principales caractéristiques de la chaîne d'analyse par chromatographie du test d'oxydation ménagée du méthane. L'acquisition et le traitement des données d'analyse chromatographique se font par ordinateur.

Deux types de réacteur ont été testés : une réacteur en acier inoxydable et un réacteur en quartz. Le premier utilisé initialement s'est avéré actif pour transformer le méthane. La conversion du méthane dans ce réacteur vide (sans catalyseur) était de l'ordre de 0.6 à 0.7% dans les conditions opératoires usuelles à 600°C. Compte tenu de la conversion des catalyseurs dans les mêmes conditions (2-10%), la conversion du méthane dans le réacteur vide n'est pas négligeable. Ainsi, nous l'avons remplacé par un réacteur en quartz. Dans le réacteur en quartz vide, le mélange réactionnel restait inactif jusqu'à la température de 640°C. Aucun produit réactionnel n'a été détecté par analyse chromatographique en ligne. La géométrie du réacteur en quartz est présentée sur la figure III.3. Le diamètre interne du tube en quartz est de 5mm en amont du lit catalytique et de 2mm après le lit catalytique pour augmenter la vitesse des gaz dans cette zone. Nous pouvons ainsi limiter la dégradation consécutive du formaldéhyde dans phase gazeuse.

Tableau III.1 : Principales caractéristiques de la chaîne d'analyse par chromatographie du test d'oxydation ménagée du méthane.

	Colonne 1	Colonne 2
Remplissage	HayesepT	Molsieve 5Å
Taille	2 m - 1/4"	2m - 1/4"
Programme de température	40°C (2 min.), 130°C (20°.min^{-1}, 39min.), 40°C (20°.min^{-1}, 1 min.)	
Programme de pression	2.8 bar (2 min.), 3.4 bar (0.13 bar.min^{-1}, 20min.), 2.8 bar (0.13 bar.min^{-1}, 2 min.)	
Temps de stabilisation	0.5 min.	
gaz vecteur	He	He
débit [cm^3·min^{-1}]	30	30
Détecteur	Catharomètre (TCD)	Catharomètre (TCD)
Temps de rétention [min.]	Méthane : 22.7 Dioxyde de Carbone : 23.2 Ethylène : 23.5 Ethane : 23.7 Formaldéhyde : 25.4 Eau : 28.8 Méthanol : 32.4	Néon : 1.2 Oxygène : 17.7 Azote : 18.0 Monoxyde de carbone : 19.1

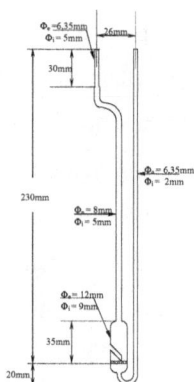

Figure III. 3: Schéma du réacteur en quartz.

Le réacteur est relié à un système d'alimentation et à un système d'analyse par des tubes en inox de diamètre interne 1 mm. Le lit catalytique est limité par un fritté poreux.

En outre, nous avons utilisé un réacteur droit en quartz avec un système de condensation pour condenser les produits condensables (HCHO, H_2O, CH_3OH) ou pour réaliser des analyses chimiques du formaldéhyde formé lors de la réaction. Le dessin de ce réacteur et du système de condensation associé sont présentés sur la figure III.4.

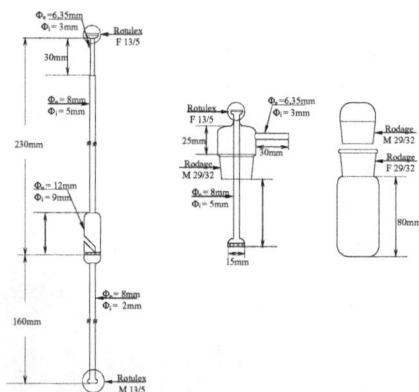

Figure III. 4 : Schéma du réacteur droit et du système de condensation associé.

III.3. Méthode de calcul

Un facteur correctif R a été introduit comme étalonnage interne pour éliminer les erreurs dues à des effets de dilution lors du calcul de bilan carbone, ou oxygène. Ce facteur sert également à détecter tout problème de bouchage ou de fuite au cours du test. Le facteur R est déterminé par le rapport de la teneur molaire de néon initiale C_{Ne}^{i} sur celle de néon mesurée en sortie du réacteur C_{Ne}^{f}. Les bilans "carbone" (BC) calculés sont toujours dans un intervalle de 98 à 102%.

$$R = C_{Ne}^{i}/C_{Ne}^{f} \qquad (1)$$

$$BC = C_{CH4}^{i}/ (\Sigma(n_jC_j)+ C_{CH4}^{f})*R \qquad (2)$$

Avec C_{CH4}^{i} : teneur en méthane dans la charge,

n_i : nombre d'atome de carbone dans la molécule du produit i formé au cours de la réaction,

C_i : teneur molaire du produit i formé au cours de la réaction,

C_{CH4}^{f} : teneur molaire du méthane dans le produit.

La sélectivité d'un produit i (S_i) de la réaction est calculée par le rapport de la teneur molaire de ce produit sur la somme des teneurs molaires de tous les produits détectés. Pour mieux traduire la relation entre la sélectivité et la conversion du méthane, nous avons tenu compte du nombre de carbone des produits de couplage (l'éthylène et l'éthane). La formule permettant le calcul de la sélectivité [1, 2] se présente alors sous la forme suivante :

$$S_i = n_iC_i/\Sigma(n_jC_j) \qquad (3)$$

Avec n_i (n_j) : nombre d'atome de carbone dans la molécule d'un produit i (j),

Ci (Cj) : teneur molaire d'un produit i (j).

Pour *la conversion*, nous avons utilisé la formule suivante [1, 2] :

$$Conv = \Sigma (n_jC_j)/(\Sigma (n_jC_j) + C_{CH4}^{f}) \qquad (4)$$

Avec $C_{CH4}{}^f$: teneur molaire du méthane dans le produit,

Conv : Conversion du méthane.

Pour chaque test catalytique, les valeurs de la conversion et des sélectivités correspondent aux valeurs moyennes d'au moins 5 analyses faites après une période de stabilisation des performances de quelques heures (voir paragraphe VI.5). Les valeurs de conversion et de sélectivités ainsi que les moyennes et les écarts types correspondant à une série d'analyses réalisée sur un catalyseur à 590°C sont présentées dans le tableau III.2.

Tableau III. 2 : Exemple de résultats catalytiques obtenus lors d'une série d'analyses : moyennes générales et écarts types de la conversion et des sélectivités.

N° d'analyse	Conv. (%)	Sél.$_{HCHO}$ (%)	Sél.$_{CO}$ (%)	Sél.$_{CO_2}$ (%)	Sél.$_{CH_3OH}$ (%)
1	7.5944	50.6684	46.3904	1.7380	1.2032
2	7.5411	50.8418	46.1953	1.7059	1.2570
3	7.5385	50.5845	46.6277	1.6187	1.1691
4	7.4847	50.5267	46.6191	1.6310	1.2232
5	7.5397	50.6557	46.4576	1.6736	1.2131
Moyenne	7.5397	50.6554	46.4580	1.6734	1.2131
Ecart type	0.0388	0.1188	0.1791	0.0500	0.0319

Compte tenu des valeurs des écarts types, nous donnons, dans les chapitres suivants, les valeurs moyennes de conversion et de sélectivités avec une décimale après la virgule. Ainsi, les résultats obtenus à partir des 5 analyses dans l'exemple ci-dessus sont exprimés comme étant : Conversion : 7.5%, Sélectivités en HCHO : 50.7%, en CO : 46.5%, en CO_2 : 1.7% et en CH_3OH : 1.2%.

La vitesse spécifique de transformation du méthane est donnée par le rapport entre la quantité de réactif transformé par une unité de temps et la masse de catalyseur utilisé.

Pour obtenir *la vitesse intrinsèque* de transformation du méthane, la vitesse spécifique est divisée par la surface spécifique du catalyseur.

III.4. Validation de la méthode d'analyse

Afin de valider notre méthode d'analyse nous avons effectué un certain nombre d'analyses particulières. Il s'agit de tests à blanc pour s'assurer que le réacteur était inactif, d'analyses chimiques du formaldéhyde produit pour déterminer son facteur de réponse pour les analyses chromatographiques et de tests catalytiques de catalyseurs décrits dans la littérature.

III.4.1. Tests à blanc

Dans le réacteur en quartz, nous nous sommes assurés que nous nous trouvions bien dans des conditions de régime chimique et que la réaction n'avait quasiment pas lieu dans le volume mort du réacteur. En effet, la conversion du réacteur vide en quartz est négligeable jusqu'à 640°C en absence de catalyseur. Par ailleurs, le formaldéhyde peut se dégrader en aval du lit catalytique. Pour éviter cette dégradation, le diamètre interne du tube en quartz du réacteur a été réduit à ce niveau. Nous nous sommes également assurés que les mélanges de réactifs utilisés étaient en dehors des limites d'explosivité.

III.4.2. Calibration et analyse chimique

Le formaldéhyde n'existant pas à l'état pur, nous nous sommes contentés de prendre une solution aqueuse de HCHO à 40% stabilisée par du méthanol pour étalonner ce composé par chromatographie. Le facteur de réponse du formaldéhyde ainsi obtenu a dû être vérifié en le comparant à celui obtenu en utilisant une autre méthode d'analyse. Pour cela, nous avons utilisé puis modifié une méthode d'analyse chimique du formaldéhyde formé lors de la réaction.

Le principe de la méthode d'analyse chimique du formaldéhyde adopté a été décrit dans la littérature [3]. Le formaldéhyde formé par la réaction au cours du test catalytique est piégé à la sortie du réacteur dans une solution aqueuse de Na_2SO_3 et une quantité prédéterminée de H_2SO_4 (Q_1). Le formaldéhyde produit réagit avec Na_2SO_3 suivant la réaction :

$$HCH + Na_2SO_3 + H_2O \longrightarrow HCH(OH)SO_3Na + NaOH \qquad (5)$$

NaOH formé étant immédiatement consommé par H_2SO_4, la réaction (5) est déplacée vers la droite [3]. Enfin, la quantité de H_2SO_4 restant dans la solution (Q_2) après réaction est titrée par une solution standard de NaOH.

A partir de la différence entre les quantités molaires de H_2SO_4 ($Q_1 - Q_2$) mesurée, nous pouvons déduire la quantité molaire du formaldéhyde produit. Le chromatogramme du fluide gazeux après la réaction (5) montre que le formaldéhyde formé est totalement consommé par la réaction (5), ce qui n'est pas le cas si l'on réalise des condensations de HCHO dans l'eau pure à 0°C (figure III.5).

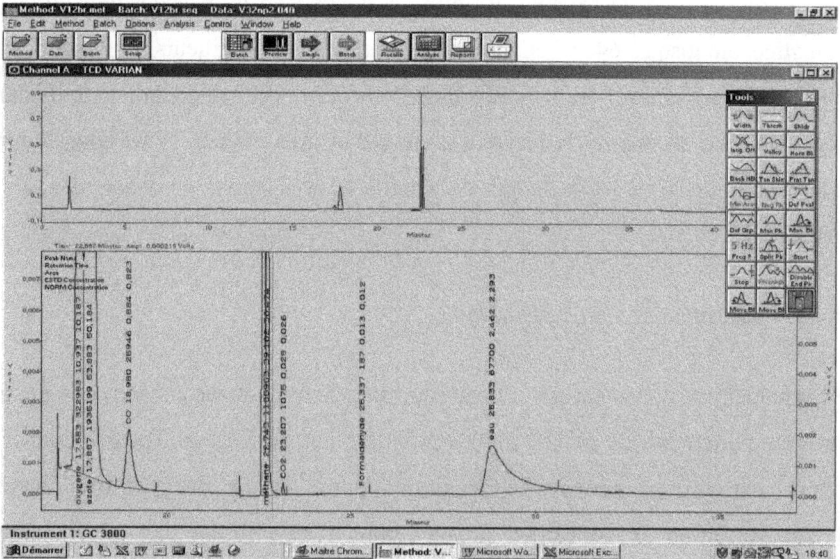

Figure III. 5 : Chromatogramme du fluide gazeux après adsorption de HCHO dans l'eau pure à 0°C

46

A la différence de la procédure décrite dans la littérature [3], nous avons tenu compte de l'entraînement éventuel de H_2SO_3 par le fluide gazeux dans les conditions opératoires. L'entraînement de H_2SO_3 par le fluide gazeux a été mis en évidence par chromatographie comme le montrent la figure III.6 avec la détection d'un pic au temps de rétention de 29.3 min correspondant vraisemblablement à cet acide.

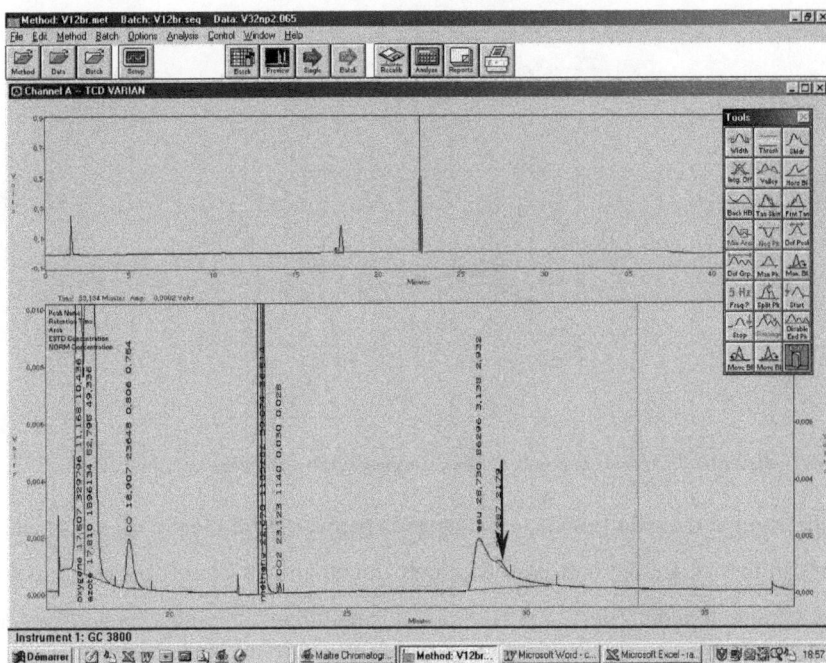

Figure III. 6 : Chromatogramme du fluide gazeux après le premier piège.

Ce phénomène d'entraînement peut engendrer une surévaluation de la formation de HCHO liée à la consommation de H_2SO_4 d'après la réaction (6) :

$$Na_2SO_3 \quad + \quad H_2SO_4 \quad \longrightarrow \quad H_2SO_{3,\,entraîné} + \quad Na_2SO_4 \quad (6)$$

Nous avons donc piégé l'acide sulfureux entraîné depuis le premier piège par une solution de NaOH dont la quantité molaire est prédéterminée (placée dans un deuxième piège).

47

$$H_2SO_{3,\,entraîné} \; + \; NaOH \xrightarrow{\hspace{3cm}} Na_2SO_3 \; + \; H_2O \qquad (7)$$

La quantité de NaOH consommée par la réaction (7) est ensuite dosée. Nous pouvons en déduire la quantité de H_2SO_3 entraîné par la réaction (6). La récupération du formaldéhyde et de l'acide sulfureux entraîné s'est effectuée grâce à un système de double condensation présenté sur la figure III.7.

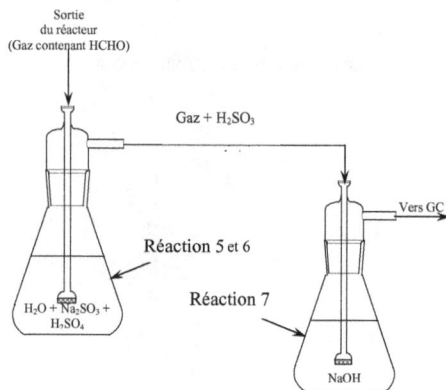

Sortie
du réacteur
(Gaz contenant HCHO)

Gaz + H_2SO_3

Vers GC

Réaction 5 et 6

$H_2O + Na_2SO_3 +$
H_2SO_4

Réaction 7

NaOH

Figure III. 7 : Système de double condensation pour l'analyse chimique du formaldéhyde.

Le chromatogramme du fluide gazeux après le premier piège montre un pic attribué à l'acide sulfureux. Ce pic a disparu du chromatogramme du fluide après le deuxième piège comme le montre la figure III.8. L'acide sulfureux entraîné a totalement réagi avec la solution de soude dans le deuxième piège. Le dosage de l'acide sulfureux dans le deuxième piège est donc indispensable pour éviter une surévaluation de la quantité du formaldéhyde formé.

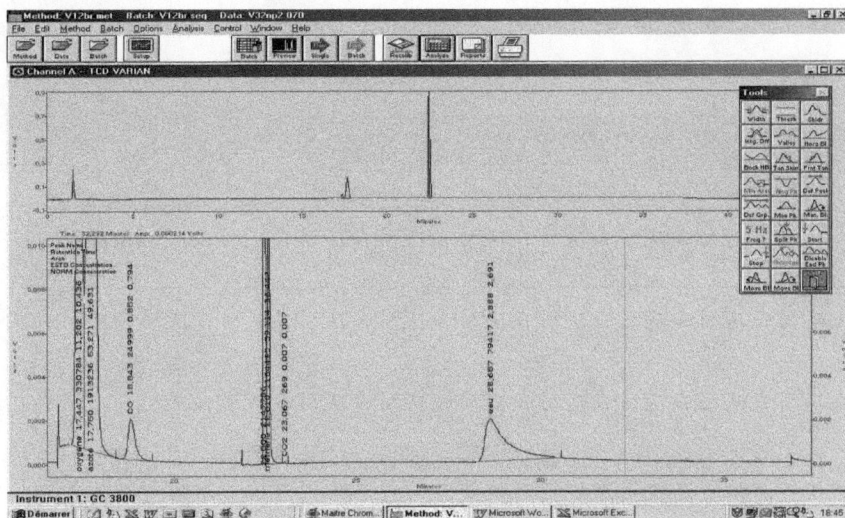

Figure III. 8 : Chromatogramme du fluide gazeux après le deuxième piège.

Les solutions mises dans les deux pièges sont préparées à partir des solutions standard d'H_2SO_4 1N, de NaOH 1M et de Na_2SO_3 1M. Le point équivalent est détecté par un indicateur coloré de phénolphtaléine. La teneur en soude doit être préalablement titrée avant chaque analyse du fait que cette teneur peut être modifiée lorsque cette solution est en contact avec l'air.

Pour chaque analyse chimique de formaldéhyde, nous préparons deux solutions identiques constituées de 20ml de H_2SO_4 1N, 20ml de Na_2SO_3 1M et 100ml d'H_2O. La première sert à déterminer la quantité d'H_2SO_4 initiale (Q1), la deuxième est utilisée pour réagir avec le formaldéhyde. En effet, il existe un équilibre entre Na_2SO_3 et H_2SO_4 dans la solution aqueuse d'après l'équation (8). La quantité de H_2SO_4 initial (Q1) dans la solution est donc déterminée à chaque analyse.

$$Na_2SO_3 \quad + \quad H_2SO_4 \quad \rightleftarrows \quad H_2SO_3 \quad + \quad Na_2SO_4 \quad (8)$$

Une autre solution de 5ml NaOH 1N et 20ml H_2O est mise dans le deuxième piège afin de piéger H_2SO_3. Après 3 heures de réaction, nous mesurons la quantité de H_2SO_4 (Q_2) restant après la réaction (5) et de H_2SO_3 entraîné (q_2) lors de la réaction (6). A partir de ces valeurs, nous pouvons déduire la quantité de formaldéhyde formé

49

au cours de la réaction. Le tableau III.3 présente les résultats d'une série d'analyses chimiques.

Tableau III. 3 : Résultats d'analyse chimique du formaldéhyde formé lors d'un test

Analyse	Quantité de H_2SO_4 initiale [*] Q_1 (mmol éq.)	Quantité de H_2SO_4 restant [*] Q_2 (mmol éq.)	Quantité de H_2SO_3 entraînée [*] q_2 (mmol éq.)	HCHO formé (mmol)
1	18.2	10.1	2.2	5.9
2	19.1	10.9	2.6	5.6
3	18.7	10.6	2.3	5.8
4	18.8	10.7	2.4	5.7

[*] *mmol éq.: nombre de moles de NaOH nécessaire pour doser*

Le facteur de réponse déterminé en utilisant une solution aqueuse de HCHO à 40% stabilisée par du méthanol étant de l'ordre de 20% plus faible que celui déduit de la mesure de la quantité de formaldéhyde par analyse chimique, nous avons préféré prendre ce nouveau facteur de réponse du formaldéhyde pour les analyses chromatographiques. Ceci a entraîné l'obtention de meilleurs bilans de carbone.

III.4.3. Reproduction des résultats de la littérature

Afin de tester la reproductibilité des résultats de la littérature, deux catalyseurs à base d'oxyde de molybdène et de vanadium ont été préparés et testés en suivant les protocoles décrits [3-5]. Ils sont reportés comme étant relativement actifs et sélectifs pour l'oxydation ménagée du méthane en formaldéhyde. Il s'agit d'un catalyseur VO_x/MCM-41 préparé par imprégnation [5] et d'un catalyseur MoO_3/SiO$_2$ synthétisé par voie sol-gel [3, 4].

III.4.3.1. Etude d'un catalyseur V28IMP [5]

A. Préparation

Nous avons adopté une méthode de préparation décrite dans la littérature [5]. Le catalyseur est préparé par imprégnation du support MCM41 par une solution aqueuse contenant NH_4VO_3.

La préparation du support MCM41 est réalisée d'après la méthode classique proposée par D. Kumar et al. [6]. Une solution contenant 3.36g de Cétyl TriMéthyl Amine Bromure (CTMAB), 168ml d'eau et 13ml de la solution de NH_4OH à 32% est maintenue sous agitation pendant 10 minutes avant l'ajout de 14ml de TétraEthyl Ortho Silicate (TEOS). La composition molaire du gel obtenu est de 1M TEOS / 1.64M NH_4OH / 0.15M CTAB / 126M H_2O. Le gel maintenu sous agitation pendant une nuit conduit à un solide récupéré par filtration et lavé consécutivement par l'eau permutée et l'éthanol absolu. Ce solide est ensuite séché à 120°C pendant une nuit. La calcination s'effectue à 550°C pendant 5 heures avec une rampe de montée de la température de $1°.min^{-1}$. Les caractérisations physico-chimiques du solide obtenu par les techniques de Diffraction des Rayons X (DRX), d'adsorption isotherme et de Microscopie Electronique à Balayage (MEB) sont présentées sur la figure III.9. Elles correspondent bien à celle d'une MCM41.

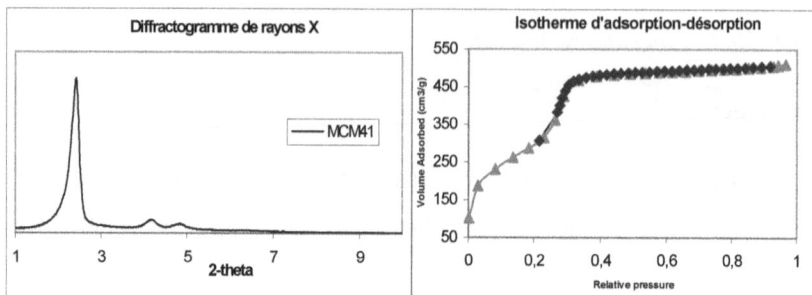

Image MEB de la MCM-41

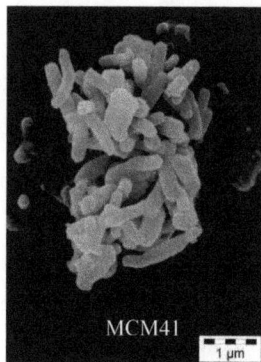

Figure III. 9 : Caractérisation de la MCM-41 préparé dans notre laboratoire

Pour préparer le catalyseur V28IMP, nous avons utilisé 1.5g de support MCM41 et 10ml d'une solution aqueuse contenant 0.0946g de NH_4VO_3 correspondant à une teneur en poids de 2.8% de vanadium dans le solide final. Le support est prétraité sous vide dans un évaporateur rotatif à 80°C pendant six heures. Maintenu sous vide, il est refroidi à la température ambiante et la solution de NH_4VO_3 est alors injectée dans le ballon de l'évaporateur. Le ballon est maintenu en rotation pendant une heure. Ensuite, l'eau est lentement évaporée à 50°C. Le solide obtenu est séché à 120°C pendant 8 heures et enfin calciné sous air à 600°C pendant 16 heures. Le catalyseur ainsi préparé est nommé V28IMP pour les études ultérieures.

B. Test catalytique

Les tests catalytiques du catalyseur V28IMP ont été effectués dans les conditions présentées dans le tableau III.4.

Tableau III. 4 : Conditions opératoires du test catalytique pour le catalyseur V28IMP.

Masse du catalyseur (g)	0.0275
Débit de la charge ($cm^3.min^{-1}$)	82.5
Rapport molaire $CH_4 : O_2 : N_2$ dans la charge	5.4:1:3.7
GHSV[*] ($l.kg^{-1}.h^{-1}$)	180000
Température (°C)	595

[*]*GHSV : Vitesse horaire spatiale.*

Les résultats du test catalytique du catalyseur V28IMP sont comparés à ceux de la littérature dans le tableau III.5.

Tableau III. 5 : Résultats du test catalytique de VO_x/MCM41 préparé dans le laboratoire en comparaison avec ceux en littérature [5]

Catalyseur	%pdsV[***]	Si/V	VVH[**] (h^{-1})	Temp. (°C)	Conv (%)	Sélectivité (%)				$Prod._{HCHO}$[*] ($g.kg_{cata}^{-1}.h^{-1}$)
						HCHO	CO	CO_2	CH_3OH	
V28IMP (Cette étude)	2.8	63	36400	595	3.1	27.6	66.1	5.3	0.6	1091
2.8V/MCM-41 (Littérature)	2.8	63	-	595	3.2	29.1	-	-	0.7	1083

[*] *Productivité en HCHO,* [**] *Vitesse volumique horaire,* [***] *% en poids de vanadium dans le catalyseur*

III.4.3.2. Etude d'un catalyseur MoO_3/SiO_2 [3,4]

A. Préparation le catalyseur MoO_3/SiO_2

Le molybdène est introduit sous forme $(NH_4)_6Mo_7O_{24}.4H_2O$. Ce précurseur est dissout dans de l'éthylène glycol où des glycoxides cycliques de molybdène peuvent alors se former. La formation de ces composés glycoxides permet d'obtenir des espèces monomériques dans le gel de préparation. La réaction entre les glycoxydes cycliques de molybdène et TEOS forme une structure de type –O-Si-O-Mo-O-Si-O-.

Cette structure se développe dans le gel au cours de l'hydrolyse du TEOS et les ions molybdène sont alors isolés dans les chaînes –O-Si-O-. Ce phénomène permet d'obtenir une bonne dispersion du molybdène. Toutefois, une partie des ions Mo^{6+} peut être piégée dans le réseau et migrer vers la surface pour former des nano-cristallites de MoO_3 (dimensions de 2-3nm) lors du séchage et de la calcination [3].

Compte tenu du manque de données précises concernant la composition du gel de préparation, nous avons testé plusieurs rapports éthylène glycol/TEOS. Un manque de TEOS conduit à la formation d'un mélange des phases séparées MoO_3 et MoO_3/SiO_2 après séchage et calcination. Par contre, si la quantité de TEOS est en excès, alors la formation du gel n'est pas possible. Nous avons trouvé que le rapport optimum entre l'éthylène glycol et le TEOS correspond à 40ml d'éthylène glycol pour 20ml de TEOS.

Pour préparer le catalyseur MoO_3/SiO_2, nous avons mis en solution 0.13g de $(NH_4)_6Mo_7O_{24}.4H_2O$ dans 40ml d'éthylène glycol. Nous avons ajouté ensuite dans cette solution 20ml de TEOS. Le mélange est maintenu sous agitation pendant 3 jours pour hydrolyser totalement TEOS et former le gel. Celui-ci est ensuite séché à 120°C pendant 24 heures et calciné à 600°C sous air pendant 2 heures. Le catalyseur ainsi obtenu contient 2% en poids de MoO_3.

Aucune raie de diffraction des rayons X caractéristiques de MoO_3 n'a été détectée. Si des clusters de MoO_3 sont présents dans le catalyseur, ceux-ci doivent avoir des dimensions trop petites pour être mis en évidence par diffraction de rayons X.

B. Test catalytique de la référence MoO_3/SiO_2

Nous avons adopté les conditions opératoires présentées dans les références [3, 4] pour tester le catalyseur MoO_3/SiO_2 préparé par voie sol gel dans notre laboratoire. Du fait du petit volume de notre réacteur, la masse du catalyseur chargé est plus petite que celle décrite dans la littérature. Nous avons donc diminué le débit de l'alimentation pour assurer la même valeur de vitesse horaire spatiale. La

comparaison des conditions opératoires et des résultats catalytiques de ces deux tests
est présentée dans les tableaux III.6 et III.7.

Tableau III. 6 : Comparaison des conditions opératoires du test de référence et de la littérature [3] d'un catalyseur MoO_3/SiO_2.

Conditions opératoires	*Cette étude*	Littérature [3]
Masse du catalyseur (g)	0.3	1.5
Débit de la charge ($cm^3.min^{-1}$)	13.5	66.67
Rapport molaire $CH_4 : O_2 : H_2O$ dans la charge	4 :1 :5	4 :1 :5
GHSV[(*)] ($l.kg^{-1}.h^{-1}$)	*2700*	*2667*

[(*)]*GHSV : Vitesse horaire spatiale.*

Tableau III. 7 : Comparaison des résultats de tests catalytiques de MoO_3/SiO_2 préparé dans notre laboratoire à ceux de la littérature [4].

Catalyseur	%pds[(***)] MoO_3	Si/Mo	VVH[(**)] (h^{-1})	GHSV ($l.kg_{cata}^{-1}.h^{-1}$)	Temp. (°C)	Conv (%)	Sélectivité				Prod.$_{HCHO}$[(*)] ($g.kg_{cata}^{-1}.h^{-1}$)
							HCHO	CO	CO_2	CH_3OH	
MoO_3/SiO_2 (Sol gel) (Cette étude)	2	117	405	2700	550	0.9	74.6	7.9	16.4	1.2	10
MoO_3/SiO_2 (Sol gel) (Littérature)	2	117	-	2667	550	2.9	52	10	30	8	22
MoO_3/SiO_2 (Sol gel) (Cette étude)	2	117	405	2700	600	9.0	43.3	49.9	5.1	1.1	56
MoO_3/SiO_2 (Sol gel) (Littérature)	2	117	-	2667	600	8.2	35	17	37	11	41

[(*)] *Productivité en HCHO,* [(**)] *Vitesse volumique horaire,* [(***)] *% en poids de vanadium dans le catalyseur*

Les résultats catalytiques des catalyseurs V28IMP imprégné et MoO_3/SiO_2 sol-gel
préparés dans notre laboratoire et ceux de la littérature sont relativement
comparables. Ainsi, nous avons reproduit les résultats catalytiques de ces deux types

de catalyseurs présentés dans la littérature. Cette reproductibilité indique que notre test catalytique et notre méthode de calcul sont fiables.

III.5. Références bibliographiques

[1]   G. O. Alptekin, A. M. Herring, D. L. Williamson, T. R. Ohno, R. L. McCormick, *J. Catal,* 181 (1999) 104.

[2]   R. L. McCormick, M. B. Al-Sahali, G. O. Alptekin, *Appl. Catal. A,* 226 (2002) 129.

[3]   T. Sugino, A. Kido, N. Azuma, A. Ueno and Y. Udagawa, *J. Catal.,* 190 (2000) 118.

[4]   K. Aoki, M. Ohmae, T. Nanba, K. Takeishi, N. Azuma, A. Ueno, H. Ohfune, H. Hayashi, Y. Udagawa, *Catal. Today,* 45 (1998) 29.

[5]   H. Berndt, A. Martin, A. Brückner, E. Schreier, D. Müller, H. Kosslick, G.-U. Wolf, B. Lücke, *J. Catal.,* 191 (2000) 348

[6]   D. Kumar, K. Schumacher, C. du Fresne von Hohenesche, M. Grün, K.K. Unger, *Colloids and Surfaces A*, 187-188 (2001) 109

CHAPITRE IV : PREPARATION DES CATALYSEURS

Afin de surmonter les inconvénients des méthodes de préparation des catalyseurs à base d'oxyde vanadium supporté sur silice décrits dans le paragraphe II.2, nous avons mis au point une nouvelle méthode de synthèse qui doit permettre de co-condenser les espèces vanadium monomériques et silicium dans la solution aqueuse avant la formation du réseau solide de l'oxyde. Le but recherché est d'isoler les espèces vanadium sur le catalyseur en formant des liaisons Si-O-V avant la polymérisation des espèces siliciques. Nous avons choisi de synthétiser dans ces conditions une silice mésoporeuse ayant une grande surface spécifique et permettant de disperser encore mieux le vanadium. Nous avons tout d'abord vérifié les comportements des espèces vanadium monomériques en solution et déterminé les conditions opératoires, puis nous avons mis au point la méthode et enfin tenté de modifier la méthode établie pour obtenir des catalyseurs plus performants.

IV.1. Choix de la forme vanadate monomérique et calculs des charges partielles

Les propriétés de la solution de synthèse dépendent de la forme de l'espèce vanadate monomérique utilisée. Le choix de cette dernière est basé sur son domaine d'existence en solution aqueuse et la stabilité de la liaison qui se formera entre cette espèce et le silicium lors de la condensation.

L'analyse du paragraphe II.3.3 permet d'identifier trois types d'espèces vanadates monomériques pouvant être utilisées pour la co-condensation. Le tableau IV.1 regroupe les résultats de calculs basés sur le modèle des charges partielles (voir paragraphe II.3.4.2) concernant les trois espèces vanadium monomériques en solution aqueuse ainsi que leurs domaines d'existence en fonction du pH et de la concentration.

Tableau IV. 1 : Charges partielles et domaines d'existence des espèces vanadium monomériques.

Espèce vanadium monomérique	Domaine d'existence		δ_V	δ_{OH}
	pH	Concentration maximale en V (mol.l^{-1})		
$VO(OH)_3$	3.3 - 3.7	1.10^{-4}	+0.62	-0.09
$VO_2(OH)_2^-$	3.8 - 7.7	5.10^{-4}	+0.48	-0.30
$VO_3(OH)^{2-}$	7.7 - 13.4	5.10^{-2}	+0.30	-0.58

Selon ces calculs, les charges partielles sur les groupements OH des trois espèces vanadium monomériques sont négatives. Ces trois espèces peuvent donc se co-condenser avec des espèces silicium.

L'utilisation de l'espèce $VO(OH)_3$ a été exclue du fait de son domaine d'existence très étroit, rendant difficile la préparation du catalyseur. De plus, dans l'intervalle de pH allant de 3.3 à 3.7, une teneur en vanadium supérieure à 10^{-4} mol.l^{-1} conduit à la formation des espèces oligomériques contenant des groupements −OH qui peuvent réagir avec le silicium. Avec un seul groupement OH, l'espèce $VO_3(OH)^{2-}$ ne peut établir qu'une liaison pontante Si-O-V avec la silice. Nous avons observé, lors des préparations à partir de solution où l'espèce $VO_3(OH)^{2-}$ est stable (pH : 9 − 12), que le rapport molaire V/Si dans des solides préparés est beaucoup plus faible que celui dans la solution.

Nous avons donc choisi l'espèce $VO_2(OH)_2^-$ comme précurseur de vanadium pour la synthèse. Cette espèce est stable pour un pH de 5 à 7 et à une concentration de V^{5+} de l'ordre de 10^{-3} à 10^{-4} mol.l^{-1}. Dans ce domaine de pH, nous avons un équilibre en fonction de la concentration entre les espèces $V_3O_9^{3-}$ et $VO_2(OH)_2^-$ d'après la réaction (1)

$$3\ VO_2(OH)_2^- \quad \rightleftharpoons \quad (V_3O_9)^{3-} \quad + \quad 3H_2O \qquad (1)$$

N'ayant pas de groupements OH, les espèces oligomériques $V_3O_9^{3-}$ ne peuvent pas se condenser davantage. Elles sont stables dans la solution à pH = 5-7 si la teneur en V^{5+} dépasse 5.10^{-4} mol.l^{-1} mais elles peuvent se re-dissocier en $VO_2(OH)_2^-$ si cette teneur diminue du fait, par exemple, de la co-condensation des dernières espèces citées avec des espèces silicium. C'est en fait ce qui doit se passer lors des synthèses de nos catalyseurs pour lesquelles la concentration initiale en vanadium est légèrement supérieure à 5.10^{-4} mol.l^{-1}. Nous avons donc déterminé la zone de travail qui est présentée sur la figure IV.1. Dans cette zone, on ne trouve pas de co-condensation des espèces vanadium oligomériques avec le silicium.

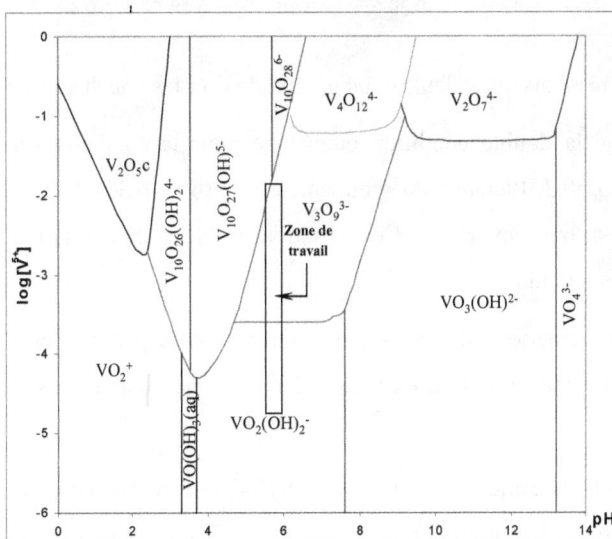

Figure IV. 2 : Choix du zone de travail pour la solution de synthèse.

Ayant choisi les conditions de préparation et donc les caractéristiques de la solution de préparation, nous avons effectué les calculs de charges partielles portées sur les ions vanadium et silicium dans cette dernière. Le pH de notre solution de préparation a été maintenu à 5-6 par l'utilisation d'une solution tampon à base de NH_4Cl. La formule hydrolysée $[SiO_{0.42}(OH)_{3.58}]^{-0.42}$ du précurseur de silicium dans la solution aqueuse est modélisée par l'égalisation des électronégativités de cette espèce et de l'eau à pH = 5.6. A ce pH, le vanadium qui peut se co-condenser avec le silicium se trouve essentiellement sous forme $VO_2(OH)_2^-$ lorsque sa concentration est de l'ordre de 10^{-4}-10^{-3} mol.l^{-1}. Les résultats des calculs obtenus à partir du modèle des charges partielles pour les espèces silicium et vanadium sont présentés dans le tableau IV.2.

Tableau IV. 2 : Calcul des charges partielles sur les espèces silicium et vanadium dans la solution de synthèse à pH=5.6

Espèces présentes en solution	$[SiO_{0.42}(OH)_{3.58}]^{-0.42}$			$VO_2(OH)_2^-$		
Ion	Si	O	OH	V	O	OH
Charge partielle	0.42	-0.39	-0.19	0.48	-0.44	-0.3

L'analyse des résultats des calculs nous permet de tirer les conclusions suivantes :

- Etant donné la double condition empirique pour la condensation en solution : $\delta_{OH}<0$ et $\delta_{Me}>0,3$, l'attaque du groupement OH (δ = -0.30) de $VO_2(OH)_2^-$ par Si (δ=0.42) est très favorable. Ceci conduit à la co-condensation des espèces vanadium et silicium.

- L'espèce oligomérique de vanadium, si elle existe à pH=5.6, est $V_3O_9^{3-}$ qui ne peut se condenser plus loin étant donné qu'elle ne contient pas de groupement OH.

- L'espèce oligomérique de vanadium $V_3O_9^{3-}$ se re-dissocie en $VO_2(OH)_2^-$ à pH =5.6 lorsque la concentration de ce dernier devient inférieure à 5.10^{-4} mol.l^{-1}. Ces espèces ne sont donc plus présentes dans la solution en fin de réaction.

- Les trois conclusions précédentes conduisent à penser que la co-condensation entre les espèces vanadium monomériques et silicium est prépondérante à pH tamponné à 5.6. En absence des groupements –OH, les espèces vanadium oligomériques $V_3O_9^{3-}$, si elles existent dans la solution, ne peuvent se condenser ni entre elles ni avec les espèces silicium.

IV.2. Schéma de principe de la préparation des catalyseurs

Nous avons formulé une solution dans laquelle le précurseur de vanadium se trouve principalement sous forme monomérique. Il s'agit d'une solution dont le pH est de l'ordre de 5.6 et la teneur en vanadium (V^{5+}) est faible, de l'ordre de 10^{-3} mol.l^{-1}. Dans ces conditions, seules les espèces monomériques doivent se condenser avec des espèces silicium au cours de la précipitation. Ceci doit entraîner la formation d'un catalyseur avec une bonne dispersion des espèces monomériques VO_x sur le support. Nous avons ajouté à cette solution un surfactant Cétil TriMéthyl Amine Bromure ($C_{16}TMABr$). La condensation des entités silicium à l'interface solution-surfactant permet d'obtenir un solide mésoporeux ayant une grande surface spécifique sur laquelle les espèces vanadium sont dispersées. La co-existence des anions Cl$^-$ de NH_4Cl (X^-) et des cations de surfactant $C_{16}TMA^+$ (S^+) conduit à une combinaison $S^+X^-I^+$ (I^+ correspondant aux espèces condensées) similaires à celles utilisées pour les synthèses de silice mésoporeuse (MCM41 et MCM48) en milieu acide [1].

Le schéma de principe d'une préparation type de nos catalyseurs à base de vanadium supporté sur la silice mésoporeuse est présenté sur la figure IV.2. La masse de NH_4VO_3 notée X est ajustée suivant le pourcentage de vanadium recherché dans l'échantillon.

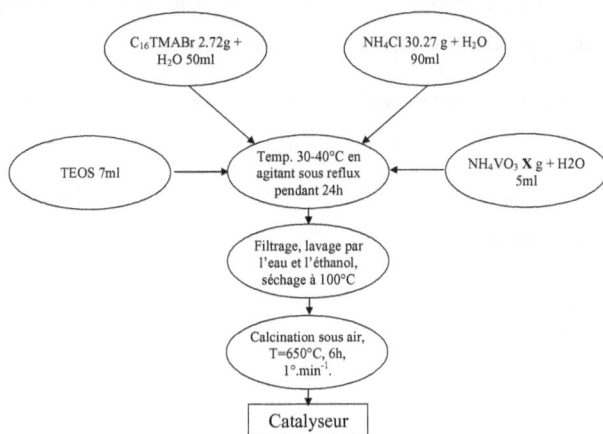

Figure IV. 3 : Schéma de principe de la préparation de nos catalyseurs.

Les produits de départ $C_{16}TMABr$, NH_4Cl et NH_4VO_3 sont dissous séparément dans de l'eau distillée. En mélangeant les trois solutions, on obtient une solution dont le pH est ajusté à 5.6 par ajout goutte à goutte d'une solution d'acide chlorhydrique ou d'ammoniaque diluée. Le Tétra Ethyl Ortho Silicate (TEOS) est ensuite ajouté sous agitation et reflux à la température contrôlée de 40°C et la solution finale est maintenue pendant 24 heures dans ces conditions. Le précipité formé est filtré et lavé à l'eau chaude. Le surfactant est ensuite extrait par lavage dans l'éthanol à 80°C pendant 2 heures. Le séchage du solide obtenu se fait à 100°C, 12 heures avant calcination sous air avec un débit de 50 $cm^3.min^{-1}$ à 650°C pendant 6 heures avec une rampe de montée en température de $1°.min^{-1}$.

Les rapports molaires des composants de la solution de préparation sont les suivants :

TEOS : NH_4Cl : $C_{16}TMABr$: NH_4VO_3 : H_2O
 0,5 : 9,2 :   0,12   : y : 130

Ces rapports restent les mêmes pour toutes les synthèses. Seules les concentrations en vanadium (y) changent. Nous avons ainsi préparé six catalyseurs à base de vanadium supporté sur MCM avec des valeurs de y égales à 0.008, 0.012, 0.016, 0.020, 0.024 et 0.032. Les catalyseurs seront référencés selon cette valeur de y et porteront comme noms V08, V12, V16, V20, V24 et V32 respectivement. Le support pur (MCM) a été préparé selon le même protocole, mais, dans ce cas, nous n'avons pas ajouté le précurseur de vanadium dans la solution de préparation.

Nous avons calculé le rendement en silice mésoporeuse des catalyseurs synthétisés avec notre méthode. Il est de l'ordre de 90 à 95%, ce qui est bien supérieur au rendement en silice mésoporeuse de type MCM obtenue en utilisant une méthode conventionnelle en milieu basique (50-80%) [2].

IV.3. Modification de la méthode de préparation des catalyseurs

Deux méthodes de préparation décrites ci-dessous ont été élaborées dans le but d'améliorer l'isolation des espèces vanadium ainsi que la cristallinité des catalyseurs. Nous avons essayé de produire des catalyseurs dont la composition chimique est semblable à celle du solide V16 à la surface duquel, des espèces vanadium polymériques commencent à se former en quantité non négligeable et pour lequel on observe une baisse de la sélectivité en formaldéhyde.

IV.3.1. Préparation du catalyseur V16MC2

Nous avons conduit cette synthèse selon le principe suivant : une solution de métavanadate d'ammonium a été traitée avec l'eau oxygénée pour obtenir l'ion diperoxovanadium [3, 4]. Après la dissolution totale de NH_4VO_3 dans l'eau, la solution est maintenue à 80°C et trois gouttes de solution d'H_2O_2 à 35% sont introduites sous agitation pendant 30min. C_{16}TMABr, NH_4Cl et NH_4VO_3 sont dissous séparément dans de l'eau distillée. En mélangeant les trois solutions, on obtient une solution dont le pH est ajusté à 5.6 par ajout goutte à goutte d'une solution d'acide chlorhydrique ou d'ammoniaque diluée. TEOS est ensuite ajouté sous agitation et reflux à la température contrôlée de 40°C. La co-condensation de Si et V s'effectue pendant 24 heures. Les espèces oligomériques ou polymériques qui auraient pu se déposer sont éliminées par l'ajout d'ammoniaque à la solution de synthèse après la co-condensation des espèces silicium et vanadium. Pour cela, 20ml d'une solution d'ammoniaque 28% sont ajoutés dans le mélange de synthèse qui est maintenu sous agitation et reflux à la température de 40°C pendant 12 heures de plus.

Les rapports molaires des composants de la solution de préparation sont les suivants :

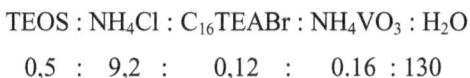

TEOS : NH_4Cl : C_{16}TEABr : NH_4VO_3 : H_2O
0,5 : 9,2 : 0,12 : 0.16 : 130

Le précipité est filtré et lavé à l'eau chaude. Le surfactant est ensuite extrait par lavage dans l'éthanol à 80°C pendant 2 heures. Le séchage du solide obtenu se fait à

$100°C$ pendant 12 heures. Il est ensuite calciné sous air avec un débit de $50cm^3.min^{-1}$ à $650°C$ pendant 6 heures avec une rampe de montée en température de $1°C.min^{-1}$.

IV.3.2. Préparation du catalyseur V16NP

Le protocole de cette préparation repose sur le principe suivant : TEOS est dans un premier temps partiellement hydrolysé en $HO-Si(OR)_3$ selon la réaction:

$$Si(OR)_4 \quad + \quad H_2O \quad \longrightarrow \quad HO-Si(OR)_3 \quad + \quad ROH \quad (2)$$

De l'oxy-chlorure de vanadium $(VOCl_3)$ est ensuite ajouté à la solution de façon à avoir la réaction suivante :

$$HO-Si(OR)_3 \quad + \quad VOCl_3 \quad \longrightarrow \quad ((OR)_3Si-O)_3V=O + \quad 3HCl \quad (3)$$

Le produit obtenu est alors utilisé comme précurseur pour une synthèse typique de MCM41 en milieu basique et à température ambiante.

IV.3.2.1. Préparation du précurseur mixte

14 ml de TEOS sont partiellement hydrolysés par 1,1ml d'H_2O dont le pH est ajusté à 3 par une solution diluée d'acide oxalique. Le rapport molaire de ce mélange est de 4 moles de TEOS pour 1 mole d'eau. Cette étape a duré 14h sous agitation à une température maintenue à $50°C$. Nous avons obtenu une solution homogène et transparente.

Par ailleurs, nous avons placé le précurseur de vanadium $VOCl_3$ dans une boite à gants sous argon pour éviter tout contact avec l'humidité de l'air. Il faut rappeler que les manipulations avec $VOCl_3$ sont très délicates à cause de sa très forte vaporisation et de sa toxicité. $VOCl_3$ est mélangé avec TEOS partiellement hydrolysé sous argon. Nous obtenons un précurseur de vanadium et silicium légèrement jaune après 24h de réaction sous agitation à la température ambiante.

IV.3.2.2. Synthèse du catalyseur

Ce protocole proposé pour la synthèse des solides de types MCM41 a été décrit dans la littérature [5]. C_{16}TMABr est dissous dans de l'eau distillée. Une solution d'ammoniaque 32% est ensuite ajoutée et le mélange est maintenu sous agitation pendant 10 minutes. Le précurseur mixte est ajouté goutte à goutte en agitant, sous reflux à la température contrôlée de 40°C. Les rapports molaires des composants de la solution de préparation sont les suivants :

TEOS : $VOCl_3$: NH_4OH : C_{16}TEABr : H_2O
　1　:　0.032 :　1.64　 :　0.15　 : 126

La précipitation s'effectue pendant 24 heures. Le précipité est filtré, lavé à l'eau chaude. Le surfactant est ensuite extrait par lavage dans l'éthanol à 80°C pendant 2 heures. Le séchage du solide obtenu se fait à 100°C pendant 12 heures. Il est ensuite calciné sous air avec un débit de 50 $cm^3.min^{-1}$ à 650°C pendant 6 heures avec une rampe de montée en température de 1°C.min^{-1}.

IV.4. Références bibliographiques

[1]　Q. Huo, D. I. Margolese, U. Ciesla, D. G. Demuth, P. Feng, T. E. Gier, P. Sieger, A. Firouzi, B. F. Chmelka, F. Schüth, G. D. Stucky, *Chem. Mater.,* 6 (1994) 1176.

[2]　S. Wang, D. Wu, Y. Sun, B. Zhong, *Mater. Res. Bull.,* 36 (2001) 1717.

[3]　V. Conte, F. D. Furia, S. Moro, *J. Mol. Catal. A*, 120 (1997) 93.

[4]　M. J. Clague, A. Butler, *J. Am. Chem. Soc.,* 117 (1995) 3457.

[5]　D. Kumar, K. Schumacher, C. du Fresne von Hohenesche, M. Grün, K.K. Unger, *Colloids and Surfaces A*, 187-188 (2001) 109.

CHAPITRE V : CARACTERISATION DES CATALYSEURS

V.1. Introduction

Ce chapitre présente les caractérisations physico-chimiques des catalyseurs. Ces caractérisations ont été approfondies dans le but d'identifier et quantifier les espèces vanadium présentes et de mettre en évidence leur évolution au cours de la réaction catalytique. En outre, la structure poreuse des catalyseurs et leur évolution notamment en présence de vapeur d'eau ont été étudiées. Les méthodes physico-chimiques utilisées pour caractériser les catalyseurs sont : l'analyse chimique élémentaire, la Diffraction des Rayons X (DRX), les mesures de surface BET et d'adsorption isotherme, les spectroscopies Raman et infrarouge, la Résonance Paramagnétique Electronique (RPE), la Thermo-Réduction Programmée (TRP), la Microscopie Electronique à Balayage (MEB), les spectroscopies d'absorption électronique XANES. Nous présenterons, dans un premier temps, le principe de ces méthodes puis les résultats de la caractérisation des catalyseurs et leur discussion.

V.2. Principes des méthodes utilisées pour la caractérisation physico-chimique des catalyseurs

V.2.1. Analyse chimique élémentaire

Le dosage chimique du vanadium a été fait par émission atomique dans un plasma d'argon (Plasma à couplage inductif - ICP) grâce à un spectromètre SPECTROLAME-ICP, modèle D, de marque SPECTRO. Le principe de la méthode consiste à vaporiser à l'aide d'un plasma la solution dans laquelle a été dissous l'échantillon et à mesurer l'intensité d'émission d'une radiation caractéristique de l'élément à doser.

V.2.2. Diffraction des rayons X (DRX)

Cette technique permet de déterminer la nature des phases cristallisées. Elle se base sur la mesure des angles de diffraction des rayons X par les plans cristallins de l'échantillon à analyser. Les angles de diffraction sont reliés aux caractéristiques du réseau cristallin (d_{hkl} = distance interréticulaire de la famille de plan hkl) et du rayonnement incident (longueur d'onde λ) par la loi de Bragg :

$$2d_{hkl}\sin\theta = n\,\lambda \qquad (1)$$

où *n* est l'ordre de diffraction. L'appareil utilisé est un diffractomètre BRÜKER D5005 qui comprend un tube scellé à anode de cuivre, alimenté par une haute tension (50 kV et 35 mA) et émettant la radiation CuK_{α} (λ=1.54184 Å), un goniomètre automatique vertical équipé d'un scintillateur NaI comme détecteur, un monochromateur courbe en graphite placé entre l'échantillon et le détecteur, et un microordinateur pour le pilotage du goniomètre et l'exploitation des mesures. Les conditions générales d'acquisition correspondent à une plage angulaire allant de 3 et 80° (2θ) avec un pas de 0.02° (2θ) pour une durée d'acquisition de 1 s par pas ou à une plage angulaire allant de 1 et 10° (2θ) avec un pas de 0.02° (2θ) pour une durée d'acquisition de 10 s par pas. Dans le cas de matériaux mésoporeux ayant une porosité organisée périodiquement dans l'espace, des raies de diffraction peuvent également être mises en évidence.

V.2.3. Mesures de surface BET et d'adsorption isotherme

Les surfaces spécifiques des solides ont été mesurées par la méthode BET (Brunauer, Emmet, Teller) par adsorption d'azote à sa température de liquéfaction sur le solide [1]. La quantité d'azote adsorbé à -196°C a été mesurée par volumétrie sur un appareillage mis au point à l'Institut de Recherches sur la Catalyse. Les solides mésoporeux sont préalablement désorbés pendant 3 heures sous vide secondaire à 350°C après une montée en température de 5°C.min⁻¹. L'étude complète des isothermes d'adsorption-désorption a également été faite et a permis ensuite de déterminer, à l'aide de modèles appropriés, le rayon et la distribution de taille des pores [2-4].

V.2.4. Spectroscopie Raman

La spectroscopie Raman donne accès aux niveaux de rotation et de vibration d'une molécule ou de vibration d'un cristal, d'un solide amorphe. Les photons de la radiation excitatrice qui peut être choisie dans un domaine s'étendant de l'UV au proche IR, sont diffusés sans changement de fréquence (effet Rayleigh) ou diffusés avec changement de fréquence (effet Raman Stokes et anti-Stokes). Dans ce dernier cas, la différence entre l'énergie du photon incident hv_0 et celle du photon diffusé hv_D est indépendante de la radiation excitatrice. Elle ne dépend que des niveaux énergétiques de la vibration (ou de la rotation) de la molécule ou du cristal.

Un spectre Raman d'une molécule se présente sous la forme d'une raie de diffusion principale de fréquence v_0 (diffusion Rayleigh) entourée des raies Raman Stokes et anti-Stokes dont les fréquences sont symétriques par rapport à v_0 mais d'intensités différentes. En effet, le nombre de molécules susceptibles de peupler un niveau vibrationnel dépend de la température selon la loi de Boltzmann. Celui-ci est faible à température ambiante. Par ailleurs, le signal Raman est exalté lorsque la fréquence de la radiation excitatrice correspond à celle d'une transition électronique de l'échantillon analysé.

Les spectres Raman ont été enregistrés avec un spectromètre Raman DILOR-XY. La raie à 514.53 nm d'un laser argon-krypton était focalisée avec un objectif de microscope de grossissement 50. La puissance laser sur l'échantillon était de l'ordre de 3mW. Les spectres ont été réalisés après déshydratation des échantillons.

V.2.5. Spectroscopie Infrarouge à transformée de Fourrier (IRTF)

Les spectres infrarouge ont été enregistrés en transmission sur un appareil Vector 22 BRÜKER à transformée de Fourier (IRTF) entre $400 - 4000$ cm^{-1}. Des pastilles de poudres pures ont été comprimées à 4 bars et caractérisées après des traitements sous mélanges gazeux. La masse des pastilles préparées étant très faible (de l'ordre 6 à 10 mg), la balance a été préalablement calibrée pour assurer une bonne précision de la pesée. Des solides ont également été dilués dans KBr avec une proportion massique de 5% et comprimés sous une pression de 6 bars.

V.2.6. Résonance paramagnétique électronique (RPE)

Cette technique permet la caractérisation des espèces paramagnétiques existant à l'intérieur ou à la surface d'un solide [5]. L'appareil utilisé est un spectromètre VARIAN E9 à double cavité. Les spectres ont été enregistrés à -196°C en bande X à une fréquence de 9.5 GHz. La valeur centrale du champs magnétique a été fixée à 3300 Gauss pour les espèces V^{4+}, la modulation d'amplitude à 2 Gauss et la puissance du klystron à 10mW. Le diphenyl-picryl-hydrazyle (DPPH) a été utilisé comme référence (H = 3314 G, g = 2.0036).

V.2.7. Thermo-réduction programmée (TRP)

Cette méthode a été utilisée pour examiner des espèces réductibles des catalyseurs qui sont dans notre cas les cations V^{5+}. L'acquisition des courbes TRP de nos solides s'est faite entre 25 et 750°C avec une rampe de température de $3°.min^{-1}$. Le gaz de réduction était un mélange à 1% d'hydrogène dans de l'argon. La quantité d'hydrogène consommé a été déterminée par chromatographie en utilisant un catharomètre DELSI NERMAG dont la température est contrôlée à 50°C avec l'argon comme gaz de référence. Un prétraitement des échantillons a été réalisé sous courant d'argon à 400°C pendant 3 heures.

V.1.8. Microscopie électronique à balayage (MEB)

Les échantillons caractérisés par Microscopie Electronique à Balayage (MEB) sont recouverts d'une couche très mince d'or déposée par vapo-déposition. Les images des échantillons ont été prises sur un microscope (HITASHI S800) à l'Université Claude Bernard Lyon 1.

V.1.9. XANES

Le domaine d'étude du XANES correspond à la partie dynamique de l'interaction du photoélectron avec les différents voisins avant son éjection. L'étude théorique du seuil d'absorption est très difficile car la fonction d'onde de l'état excité correspond à l'existence d'un trou profond, d'un électron excité dans un niveau vacant, les autres électrons ayant relaxé dans le potentiel crée par le trou profond. Ce seuil d'absorption subira l'influence de l'occupation des niveaux électroniques, de la symétrie du site absorbant, de la structure électronique de l'élément absorbant (état d'oxydation et de spin), de la distance des plus proches voisins et la présence de voisins éloignés.

Les spectres XANES du vanadium au seuil K ont été enregistrés au Laboratoire pour l'Utilisation du Rayonnement Electromagnétique (LURE) à Orsay. Ils ont été collectés à 27°C et enregistrés avec des pas d'énergie variables de 1eV.s^{-1} entre 5420 et 5450 eV, de 0.3 eV.s^{-1} entre 5450 et 5490 eV et de 0.6eV.s^{-1} entre 5490 et 5560 eV. Chaque échantillon a subi trois balayages en utilisant un cristal Si (311). Les composés de références de V^{5+} et V^{4+} sont V_2O_5 et $(VO)_2P_2O_7$ respectivement. Pour comparer les différents spectres XANES du vanadium au seuil K, la ligne de base d'absorption est traité en utilisant une loi linéaire sur l'ensemble de l'intervalle étudié et les spectres XANES sont normalisés au centre de la première oscillation d'EXAFS, environ 50eV après le seuil d'absorption.

V.2. Etude de la composition chimique des catalyseurs

Les catalyseurs préparés dans le laboratoire ont été analysés chimiquement pour déterminer leur composition ainsi que pour évaluer le rendement de la co-condensation des précurseurs vanadium et silicium au cours de la préparation. Le tableau V.1 regroupe les résultats obtenus sur les catalyseurs de V08 à V32.

Tableau V. 1 : Résultats d'analyse chimique des catalyseurs V08 – V32 et comparaison avec les valeurs théoriques de départ.

Catalyseur	V08		V12		V16		V20		V24		V32	
	Théo.	Mes.	Théo.	Mes.	Théo.	Mes.	Théo.	Mes.	Théo.	Mes.	Théo.	Mes.
% en poids de V	1.25		1.81		2.32		2.78		3.19		4.56	
Perte à 1000°C (%) en poids	6.20		6.90		7.10		7.45		7.50		8.05	
V (%) échantillon déshydraté	**1.32**	*1.33*	**1.96**	*1.94*	**2.59**	*2.5*	**3.2**	*3.00*	**3.79**	*3.45*	**4.95**	*4.95*

Théo. : Teneur théorique, Mes. : Teneur mesurée

Nous avons également vérifié que le rendement de formation de la silice mésoporeuse par notre méthode de préparation était assez élevé, de l'ordre de 90 à 95%. Cette valeur est largement supérieure à celle généralement obtenue pour des solides mésoporeux (50 – 80%) [6]. En comparant les teneurs en vanadium théoriques dans les catalyseurs et celles mesurées, on constate que pratiquement tout le vanadium introduit dans le gel de préparation se retrouve dans les catalyseurs. Le rendement en vanadium est donc très bon ce qui n'est pas le cas pour des catalyseurs vanadium supporté sur silice mésoporeuse préparés par synthèse hydrothermale [7, 8]. Malgré sa simplicité, notre protocole de préparation permet donc de co-condenser efficacement le vanadium et le silicium au cours de la formation du solide. Nous avons testé la reproductibilité des synthèses des catalyseurs V08 et V16 et nous avons obtenu des teneurs en vanadium presque identiques pour les différentes préparations. Les mesures donnent pour les deux catalyseurs des compositions respectives de 1.27% et 2.26% en poids de vanadium avec un écart type de 0.02 et 0.06 respectivement. Notre méthode de préparation est donc reproductible. Nous avons, à partir de ces résultats, tracé la courbe donnant la variation de la teneur en vanadium obtenue en fonction de celle déduite de la composition du gel de préparation (figure V.1). La bonne linéarité de cette courbe nous a permis de prévoir la teneur en vanadium dans les catalyseurs préparés et contenant entre 1 et 4% poids de vanadium.

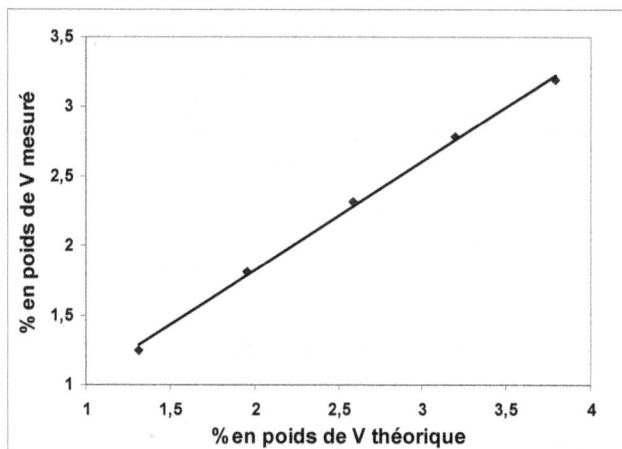

Figure V. 1: Relation entre la teneur en vanadium mesurée et théorique

Les résultats d'analyse chimique des catalyseurs V16MC2 et V16NP sont présentés dans le tableau V.2 et comparés à ceux d'un catalyseur V16.

Tableau V. 2 : Résultats d'analyse chimique des catalyseurs V16MC2 et V16NP et comparaison avec ceux du catalyseur V16.

	V16		V16MC2		V16NP	
	théorique	mesurée	théorique	mesurée	théorique	mesurée
V (%)		2.32		1.87		0.80
Perte à 1000°C (%)		7.10		5.50		4.40
V (%) déshydraté	**2.59**	2.50	**2.59**	1.98	**2.59**	0.84

Les teneurs en vanadium mesurées pour les catalyseurs V16MC2 et V16NP sont nettement inférieures aux teneurs théoriques. Dans le cas du solide V16MC2, cette diminution peut être expliquée par un effet de lavage par la solution d'ammoniaque. Dans le cas du solide V16NP préparé à partir d'une solution basique, cette diminution est une tendance typique des méthodes de préparation des solides de type vanadium supporté sur silice mésoporeuse (MCM41, MCM48) dans une solution basique [7, 8].

V.3. Etude de la structure et de la texture des catalyseurs

La structure et la texture des catalyseurs ont été étudiées par Diffraction des Rayons X, isotherme d'adsorption - désorption et Microscopie Electronique à Balayage.

V.3.1. Etude sur les catalyseurs V08 - V32

Les diffractogrammes des catalyseurs V08 à V32 enregistrés entre 1 et 10° (2θ) sont présentés dans la figure V.2 et comparés à celui d'une silice mésoporeuse préparée dans les mêmes conditions.

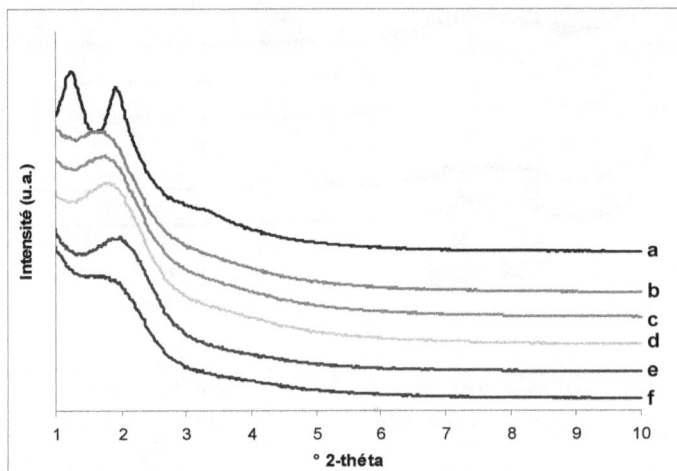

Figure V. 2: Diagrammes DRX de la silice mésoporeuse sans vanadium (a) et des catalyseurs V08 (b), V12 (c), V16 (d), V20 (e), V32 (f).

Ces diffractogrammes sont caractéristiques de solides mésoporeux mal organisés. Le diffractogramme de la silice mésoporeuse sans ajout de vanadium présente deux raies dont la présence pourrait s'expliquer par celle de deux phases de type MCM41 et MCM48. Dès que le vanadium est introduit dans le solide, on ne distingue plus qu'une raie large qui pourrait être le résultat de l'élargissement des deux premières.

Les diffractogrammes des solides ont également été enregistrés entre 3 et 80° (2θ). Ils ne montrent pas la présence d'autres raies bien définies sur cette plage angulaire (figure V.3.).

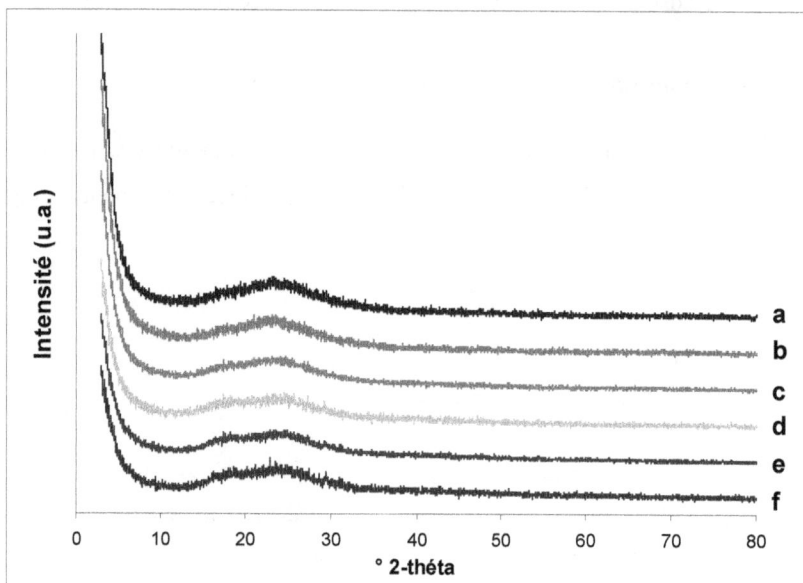

Figure V. 3: Diffractogrammes des catalyseurs et du support de 3 à 80° (2θ).   (a) silice mésoporeuse sans vanadium, (b) V08, (c) V12, (d) V16, (e) V20, (f) V32

Aucune raie de diffraction de V_2O_5 n'a été observée sur les catalyseurs étudiés, même dans le catalyseur V32 dont la teneur en vanadium est assez élevée (4.56%).

Les mesures de surface spécifique et des isothermes d'adsorption - désorption ont été réalisées sur les catalyseurs et sur la silice mésoporeuse préparée dans les mêmes conditions mais sans ajout de vanadium. La figure V.4 présente des courbes d'isotherme de la silice mésoporeuse et des catalyseurs V08, V12 et V20. Les courbes présentent une hystérésis pour des pressions relatives comprises entre 0.4 et 0.7.

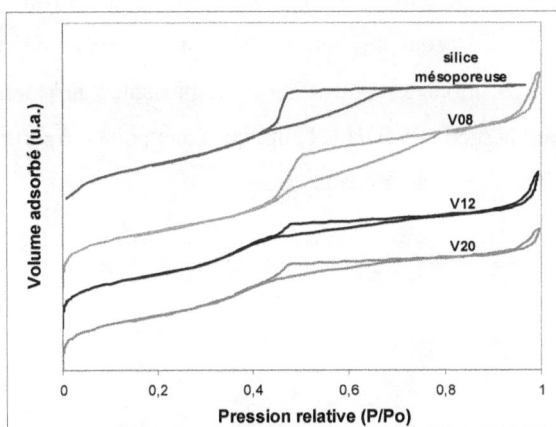

Figure V. 4: Courbes d'isotherme de la silice mésoporeuse et des catalyseurs V08, V12 et V20.

Les résultats de calcul des paramètres texturaux des solides préparés dans le laboratoire sont regroupés dans le tableau V.3.

Tableau V. 3 : Paramètres texturaux des catalyseurs préparés dans le laboratoire

Catalyseur	Surface BET (m^2g^{-1})	Taille de pores (BJH) (Å)		Volume poreux (cm^3g^{-1})
Silice mésoporeuse	1143	34.8	-	1.08 à P/P$_o$= 0.966
V08	1024	36.6	-	1.26 à P/P$_o$=0.995
V12	986	38.4	30.7	1.18 à P/P$_o$=0.994
V16	1009	38.4	32.2	1.02 à P/P$_o$=0.957
V20	985	38.4	32.7	1.06 à P/P$_o$=0.995
V24	1012	-	-	-
V32	1020	-	-	-
V16NP	1044	30.3	-	0.78 à P/P$_o$= 0.920
V16MC2	542	35.4	-	1.01 à P/P$_o$= 0.948

Ces mesures mettent en évidence la structure mésoporeuse des catalyseurs. Les surfaces BET sont très importantes, de l'ordre 1000 m².g^{-1}, et ne diminuent pas avec

75

la perte de structuration poreuse observée conjointement par diffraction de rayon X. Elles sont comparables à celles des autres silices mésoporeuses de type MCM41 ou MCM48 [9]. La répartition des tailles de pores présentée sur la figure V.5 a été calculée en utilisant la méthode BJH [2] appliquée aux points expérimentaux obtenus lors de la désorption isotherme des catalyseurs.

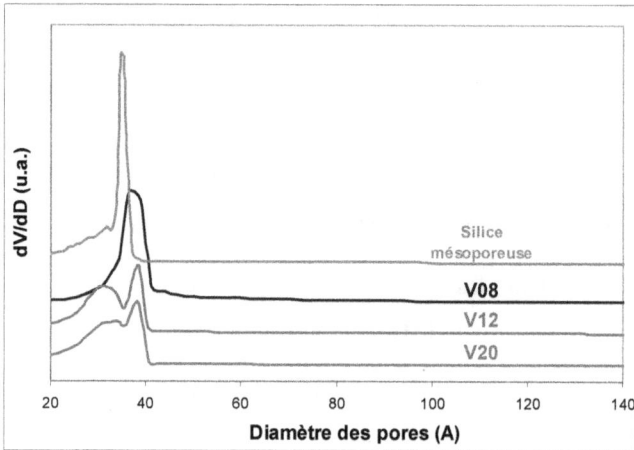

Figure V. 5 : Répartition des tailles de pores déterminée par la méthode BJH pour les catalyseurs V08, V12, V20 et comparés à celle de la silice mésoporeuse.

La silice mésoporeuse présente une distribution de taille de pores relativement étroite centrée à 34.8Å. Avec l'ajout de vanadium (solide V08) la taille des pores augmente légèrement et la distribution s'élargie autour d'une valeur moyenne égale à 36.6Å. Ce phénomène pourrait s'expliquer par la substitution des anions Cl⁻ ou Br⁻ par des ions $VO_2(OH)_2^-$ pour la formation des micelles à partir des espèces S^+X^- (voir paragraphe IV.2). Lorsque la teneur en vanadium augmente, on observe l'apparition d'une deuxième distribution de pores, très large et centrée vers 32 Å.

Nous avons enregistré le diffractogramme du catalyseur V12 après test catalytique. Par comparaison avec le diffractogramme enregistré avant test (figure V.6), on observe une baisse légère de l'intensité de la raie principale à 1.9 ° (2θ) qui traduit une perte partielle de la structure mésoporeuse. Cette perte est confirmée par mesure de surface spécifique qui passe de 986 m^2g^{-1} avant test à 825 m^2g^{-1} après test. Malgré cela, ce catalyseur présente une conversion et un rendement stables dans le temps de travail. La perte de structuration mésoporeuse doit avoir lieu très rapidement dès la mise en activité du catalyseur.

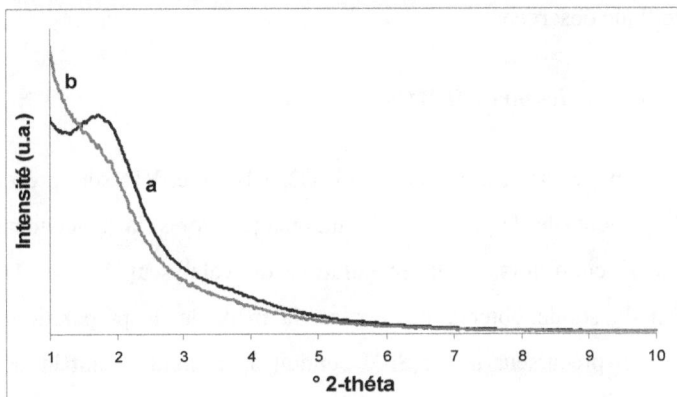

Figure V. 6 : Diffractogrammes du catalyseurs V12 avant (a) et après test catalytique (b).

Des images MEB du catalyseur V12 avant et après test catalytique sont présentées sur la figure V.7.

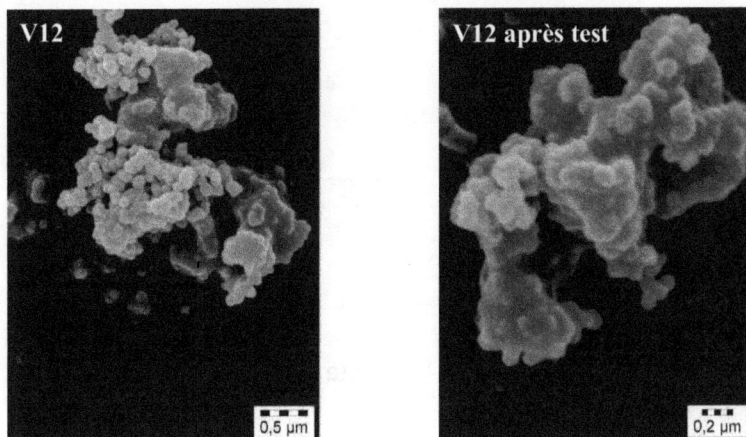

Figure V. 7 : Images MEB du catalyseur V12 avant et après test catalytique.

Sur la micrographie du catalyseur avant test, la taille des grains de catalyseur apparaît relativement homogène avec une taille de l'ordre 0.1 µm. La micrographie du catalyseur après test montre une évolution de la texture du catalyseur avec un frittage partiel des grains de catalyseur. Ce dernier pourrait, à lui seul, expliquer la baisse de surface spécifique observée.

V.3.2. Etude des catalyseurs V16MC2 et V16NP

Les diffractogrammes des catalyseurs V16MC2, V16NP et V16 sont présentés sur la figure V.8. L'ajout de la solution d'ammoniaque après la co-condensation du vanadium et silicium lors de la préparation du catalyseur V16MC2 amoindrit l'organisation du solide obtenu. Par contre, la méthode de préparation du solide V16NP avec un précurseur mixte Si-V conduit à un solide ayant la structuration poreuse typique d'un solide MCM41.

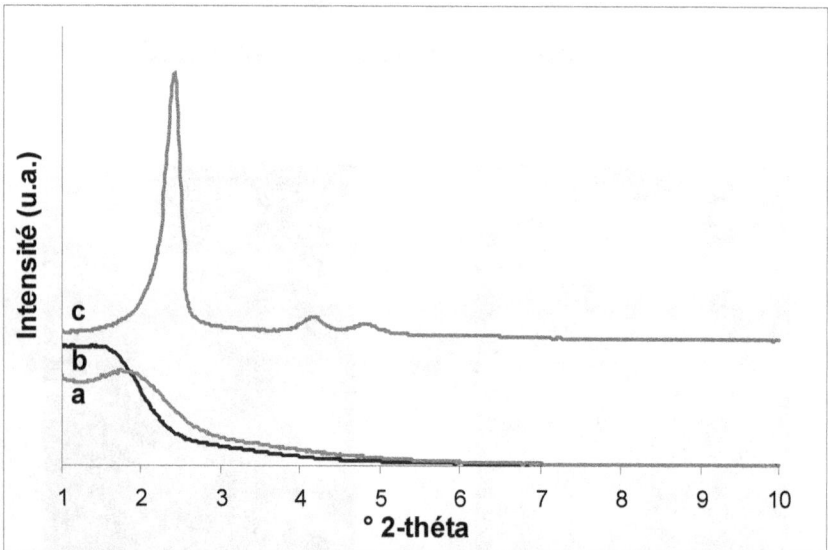

Figure V. 8 : Diffractogrammes de V16 (a), V16MC2 (b), V16NP (c).

Les surfaces spécifiques des catalyseurs V16 et V16NP égales à 1009 et 1044 $m^2.g^{-1}$ respectivement sont comparables. Par contre, on observe une diminution considérable de la surface spécifique de V16MC2 (542 $cm^2.g^{-1}$).

Nous avons réalisé des images MEB des catalyseurs V16MC2 et V16NP qui sont présentées sur la figure V.9.

Figure V. 9 : Image MEB du catalyseur V16MC2 et V16NP

On constate que la taille des grains de V16MC2 est proche de celle des grains de V12. Pourtant, les contours des grains du catalyseur V16MC2 apparaissent mieux définis en raison de l'absence d'une partie amorphe entre les grains entraînant un frittage plus facile des grains lors de traitement thermique. Le traitement par ajout d'une solution d'ammoniaque à la fin de la synthèse peut avoir dissous cette partie. Le catalyseur V16NP a une texture différente avec des particules beaucoup plus grosses et de tailles variables.

La méthode BJH appliquée aux points expérimentaux correspondant à la désorption isotherme du catalyseur V16NP conduit à des tailles de pores se distribuant dans un domaine très étroit typique d'un solide de type MCM41 (figure V.10). Ceci confirme les résultats de diffraction de rayons X qui montrent une bonne organisation macroscopique du solide mésoporeux V16NP.

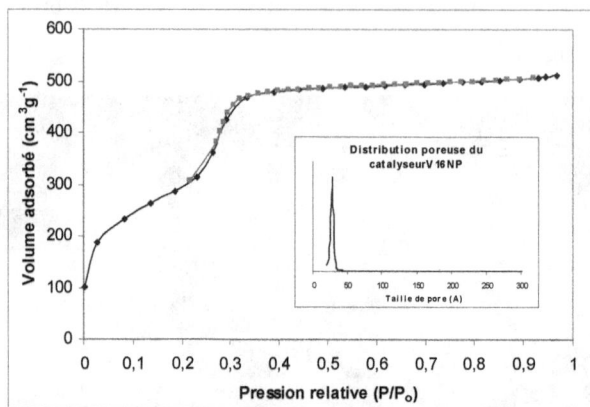

Figure V. 10 : Absorption – Désorption isotherme et distribution des pores de V16NP.

Comme les autres solides, le catalyseur V16NP perd partiellement sa structure dans les conditions de test catalytique (figure V.11). Outre la perte structurale, la taille de pore du solide V16NP après réaction a diminué. La silice mésoporeuse n'est donc pas complètement stable à température élevée en présence de vapeur d'eau dans le milieu réactionnel.

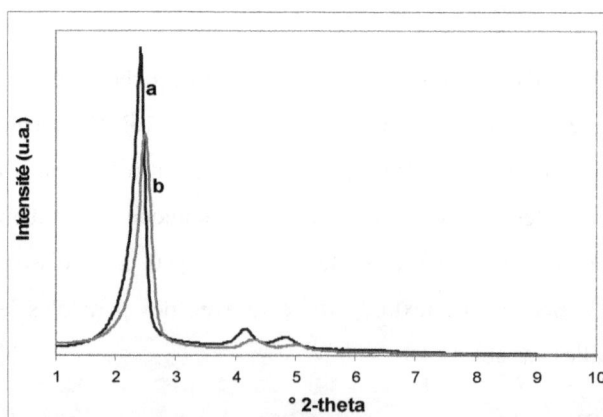

Figure V. 11 : Diffractogrammes du catalyseur V16NP avant (a) et après réaction (b).

V.3. Caractérisation des catalyseurs par spectroscopie Raman

Les échantillons ont été pastillés sous une légère pression afin de condenser la matière et ainsi d'améliorer la réponse de ces composés très poreux. Les spectres Raman des catalyseurs V08 à V32 déshydratés, présentés sur la figure V.12, mettent tous en évidence une raie à 1037 cm^{-1}.

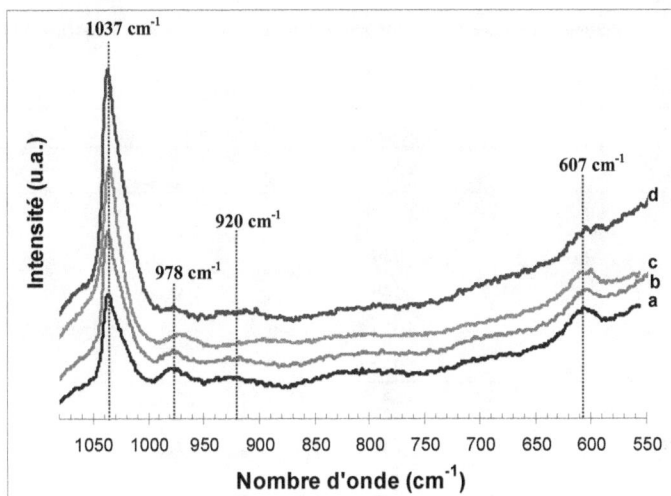

Figure V. 12: Spectres Raman des catalyseurs V08 (a), V16 (b), V20 (c) et V32 (d).

Cette raie est attribuée à un mode d'élongation $\nu_{V=O}$ correspondant à des liaisons très courtes (1,58 Å [10]). De telles liaisons sont mises en évidence uniquement dans les tétraèdres déformés des espèces vanadates monomériques [11-15] L'épaulement vers 1060 cm^{-1} est attribué aux vibrations $\nu_{as(SiO)}$ du réseau de la silice [11]. La raie vers 978 cm^{-1} est attribuée à des modes d'élongation ν_{SiO} de groupements silanols (O$_3$Si-OH) [11,13-14]. La bande large vers 920 cm^{-1} pourrait correspondre à des modes d'élongation ν_{V-O-V} d'espèces vanadium polymériques [12]. Quoiqu'il en soit, son intensité dépend du degré de déshydratation du catalyseur. Dans les conditions de déshydratation de cette étude, cette intensité était faible pour les différents catalyseurs étudiés. Les raies vers 1060 cm^{-1} et 920 cm^{-1} pourraient être également

81

caractéristiques de fonctionnalités Si-O$^-$ et Si-(O$^-$)$_2$ attribuées à la perturbation du réseau de la silice lors de la formation d'entités V-O-Si [13-14]. La bande large vers 820 cm^{-1} est attribuée aux vibrations $_{s(SiO)}$ du réseau de la silice [11,15]. Enfin, la raie à 607cm^{-1} correspond à des modes de défaut D2 caractéristiques de groupements cycliques contenant 3 atomes de silicium [11,13-15]. Un récapitulatif des attributions des raies Raman de catalyseurs V08 à V32 est présenté dans le tableau V.4.

Tableau V. 4 : Attributions des raies Raman de nos catalyseurs et celles de catalyseurs V/SiO$_2$ issues de littérature.

Nos études	Littérature	Attribution	Référence
1065	1050	$\nu_{as(Si-O)}$	[11]
1037	1037	$\nu_{V=O}$	[11]
	1030		[12]
	1040		[13]
	1039		[14]
	1033		[15]
978	970	ν_{SiO-H}	[11]
	976		[13]
	972		[14]
920	900 - 940	ν_{V-O-V}	[12]
820	800	$\nu_{s(Si-O)}$	[11]
	820		[15]
607	600	Mode de défaut D2	[11]
	609		[14]
	600	(ν_{Si-O} de cycles à 3)	[15]

La présence de la raie vers 1037cm^{-1} et la faible intensité de la bande vers 920 cm^{-1} traduisent donc une bonne dispersion des espèces vanadium sur les catalyseurs V08 à V32. Aucune raie caractéristique des cristaux de V$_2$O$_5$ (1020, 704, 652 cm^{-1} [16]) n'a été détectée par microscopie Raman.

Par ailleurs, on observe une augmentation régulière de l'intensité de la raie à 1037 cm^{-1} parallèlement à une diminution constante de celle à 978 cm^{-1} quand la teneur en vanadium dans les catalyseurs augmente. La figure V.13 montre une évolution quasi linéaire de l'intensité de ces raies.

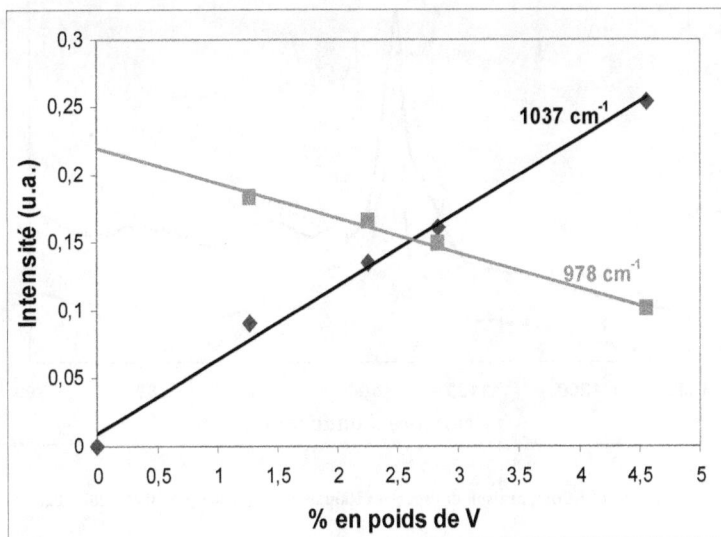

Figure V. 13 : Evolution de l'intensité des raies à 1037 cm^{-1} et 978 cm^{-1} avec la teneur en vanadium.

La densité des groupements silanols diminue donc avec la teneur en vanadium sur le catalyseur. Les espèces vanadium prennent la place des groupements silanols en formant des liaisons Si-O-V. Si l'on extrapole la courbe d'intensité de la raie à 978 cm^{-1}, on peut en déduire une teneur maximale théorique en vanadium de l'ordre de 7 % en poids.

Nous avons comparé les spectres Raman du catalyseur V20 et d'un catalyseur préparé par imprégnation (V28IMP) dans le but de reproduire les résultats de la littérature (chapitre III, paragraphe III.4.3). Ce dernier présente une teneur en vanadium proche de celle du catalyseur V20. Cette comparaison est présentée dans la figure V.14.

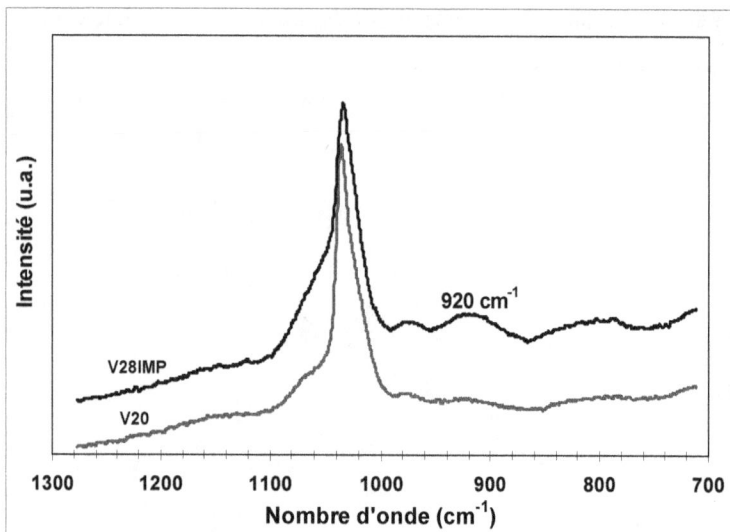

Figure V. 14 : Comparaison des spectres Raman des catalyseurs V20 et V28IMP.

Les spectres Raman des échantillons ont été enregistrés dans les mêmes conditions de déshydratation. L'intensité relative de la raie vers 920 cm^{-1} caractéristique des espèces vanadium polymériques est plus importante sur le spectre Raman de V28IMP que sur celui de V20. Pour une même teneur en vanadium, la proportion d'espèces vanadium polymériques serait donc plus élevée sur V28IMP que sur le catalyseur V20. Les catalyseurs préparés selon notre protocole contiendraient donc plus d'espèces isolées.

Par ailleurs, nous avons approfondi l'étude du domaine spectral compris entre 1000 et 1100 cm^{-1}. Les figures V.15 et V.16 présentent une décomposition du spectre Raman réalisée entre 1300 et 700 cm^{-1} sur V20 et V28IMP respectivement.

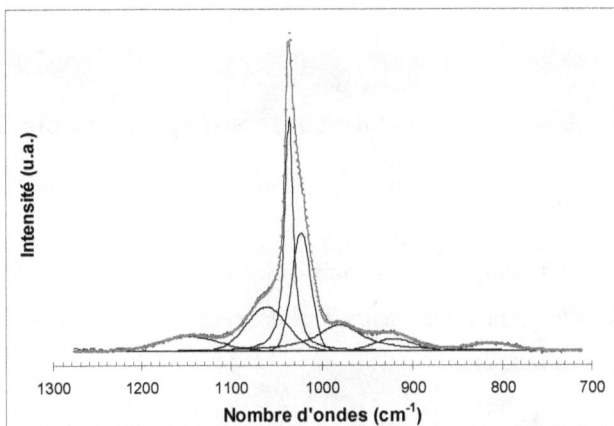

Figure V. 15: Décomposition du spectre Raman réalisée sur le catalyseur V20.

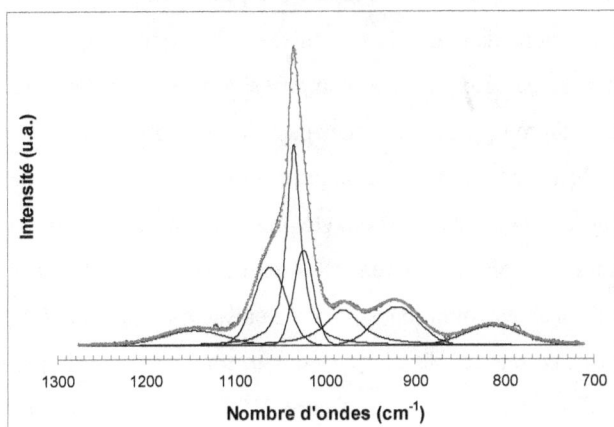

Figure V. 16: Décomposition du spectre Raman réalisée sur le catalyseur V28IMP.

Les décompositions des spectres en composantes individuelles montrent systématiquement l'existence d'une bande vers 1025 cm^{-1} en plus des raies à 1037 et 1060 cm^{-1}. Cette raie pourrait être attribuée à une deuxième espèce monomérique ou à de petits oligomères. On observe également sur les spectres décomposés que l'intensité de la raie à 920 cm^{-1} du catalyseur V28IMP est nettement plus grande que celle de V20.

V.4. Caractérisation des catalyseurs par spectroscopie Infrarouge (IRTF)

La spectroscopie infrarouge nous a permis de caractériser les différents groupements hydroxyles présents sur nos catalyseurs. Des données qualitatives et quantitatives ont été obtenues lors de cette étude.

V.4.1. Préparation des échantillons pour la spectroscopie infrarouge

Dans un premier temps, nous avons préparé des pastilles selon la méthode consistant à disperser une poudre dans du KBr. Toutefois, l'eau contenue dans le KBr peut modifier les modes de vibration des composés V/SiO$_2$ [17]. De plus, il n'est pas possible de traiter thermiquement de telles pastilles. Ces observations nous ont amené à préparer les échantillons sous forme de pastilles auto-supportées de masse comprise entre 6 et 10 mg. Toutes les pastilles ont été pressées sous une pression de 4 bars. Les données quantitatives ont été obtenues à partir de la loi de Beer-Lambert en supposant que les masses volumiques de nos catalyseurs sont similaires. Les pastilles ont été placées dans une cellule conçue pour le traitement thermique sous vide ou sous balayage d'un courant gazeux (figure V.17). En effet, il est nécessaire de déshydrater l'échantillon pour éviter la superposition des modes d'élongation de H$_2$O physisorbée et chimisorbée avec ceux des groupements hydroxyles.

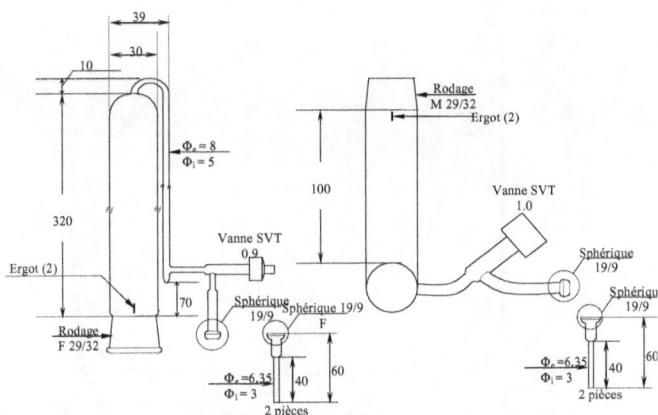

Figure V. 17 : Schéma de la cellule de traitements permettant de réaliser des spectres IR.

Dans un premier temps, nous avons traité ces pastilles par un simple chauffage sous vide à 150°C afin de les déshydrater. Ce traitement a cependant réduit fortement des espèces vanadium sur les catalyseurs, la couleur de l'échantillon passant du jaune au noir. En conséquence, nous avons opté pour un traitement thermique des échantillons sous courant d'oxygène pur pour ne pas modifier le degré d'oxydation du vanadium pendant la déshydratation. Après déshydratation, la cellule est maintenue sous balayage d'oxygène pendant le refroidissement précédent l'enregistrement des spectres. Nous avons également enregistré le spectre de référence de la cellule vide et remplie d'oxygène.

V.4.2. Résultats des études de spectroscopie infrarouge

V.4.2.1. Mise en évidence des groupements hydroxyles de surface

Nous avons collecté les spectres infrarouge du catalyseur V12 sous balayage d'oxygène en montant la température de 150 à 580°C. L'évolution des spectres infrarouge en fonction de la température de traitement est présentée dans la figure V.18.

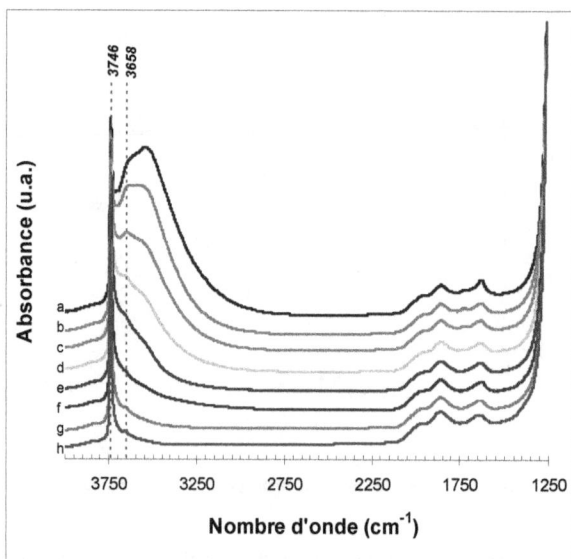

Figure V. 18 : Spectres infrarouge du catalyseur V12 au cours de la déshydratation à 150°C (a), 200°C (b), 250°C (c), 300°C (d), 350°C (e), 450°C (f), 550°C (g), 580°C (h).

Les spectres mettent en évidence une raie à 3746 cm^{-1} attribuée au mode d'élongation ν_{OH} de groupements silanols. A mesure que la température augmente, l'échantillon est déshydraté et la raie large correspondant aux vibrations des molécules d'eau vers 3540 cm^{-1} diminue en intensité. Lorsque la déshydratation de l'échantillon est pratiquement complète (au delà de la température de traitement de 350°C), on observe une raie située à 3658cm^{-1} attribuée au mode d'élongation ν_{OH} de groupements V-OH. Ainsi, nous avons mis en évidence l'existence de groupements VO-H dans nos catalyseurs après déshydration.

En élevant la température de traitement à 580°C sous courant d'oxygène, nous n'avons observé aucune modification des vibrations de réseau de second ordre entre 1250 et 2250 cm^{-1}. Les spectres infrarouge du catalyseur V12 déshydraté à 550° et 580°C pendant 5 heures sont semblables ainsi que les aires de la raie correspondant à la vibration $\nu_{VO\text{-}H}$ (figure V.19). En se basant sur cette observation, nous avons limité la température de traitement à 550°C. Ceci évite d'utiliser une cellule en quartz du fait du manque de stabilité mécanique du Pyrex à plus haute température. Nous avons donc comparé les spectres des catalyseurs V08 – V24 après un traitement identique à 550°C sous courant d'oxygène.

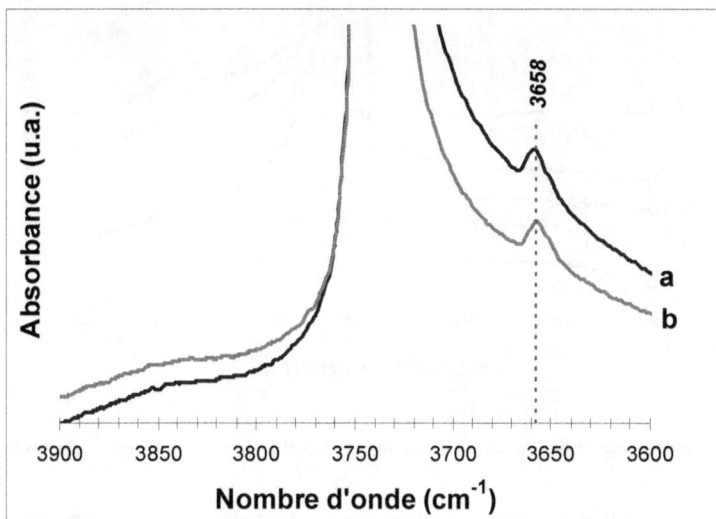

Figure V. 19 : Spectres infrarouge du catalyseur V12 déshydraté à 550 (a) et 580°C (b) entre 3900 et 3600 cm⁻¹.

V.4.2.2. Etude quantitative par IR des catalyseurs V08 – V24

Les échantillons étudiés ont été chauffés de la température ambiante à 550°C pendant 2 heures, maintenus à cette température pendant 12 heures avant refroidissement et enregistrement des spectres. L'évolution de l'intensité de la raie à 3658 cm⁻¹ lorsque l'on passe de V08 à V24 est présentée sur la figure V.20. Celle-ci augmente avec la teneur en vanadium.

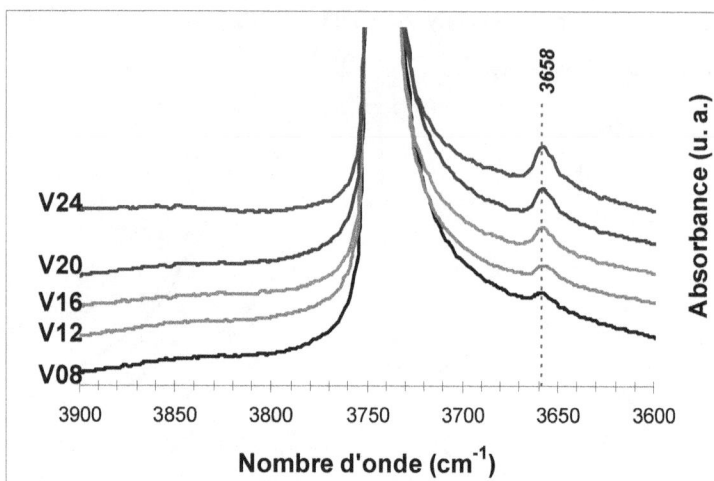

Figure V. 20 : Evolution de la raie caractéristique de VO-H en fonction de la teneur en vanadium.

Des mesures quantitatives ont été faites par intégration des raies correspondant aux vibrations v_{SiO-H} et v_{VO-H} après soustraction de la ligne de base. Ces surfaces ont ensuite été rapportées à une unité de masse d'échantillon selon les équations (1) et (2) :

$$S_{SiO-H} = Aire\ de\ raie\ 3746\ cm^{-1}\ /\ masse\ d'échantillon \qquad (1)$$

$$S_{VO-H} = Aire\ de\ raie\ 3658\ cm^{-1}\ /\ masse\ d'échantillon \qquad (2)$$

D'après la loi de Beer-Lambert, l'évolution des valeurs obtenues exprime le changement du nombre de groupements respectifs sur les catalyseurs. Nous avons également examiné la variation de la proportion de groupements VO-H en fonction de la teneur en vanadium des solides en normalisant la surface des raies par rapport au pourcentage massique de vanadium dans le solide. A partir du paramètre S_{VO-H} de chaque catalyseur, la valeur de Snor.$_{VO-H}$ est définie comme suit :

$$Snor._{VO-H} = S_{VO-H} / \%V\ dans\ le\ catalyseur \qquad (3)$$

Les résultats des calculs effectués sont regroupés dans le tableau V.5 et présentés sur la figure V.21.

Tableau V. 5 : Intégration des surfaces des raies caractéristiques de SiO-H et VO-H des spectres infrarouge des catalyseurs V08 à V24 après déshydratation à 550°C.

Catalyseur	V08	V12	V16	V20	V24
% en poids de Vanadium	1.25	1.81	2.32	2.78	3.19
Masse d'échantillon (mg)	4.5	6.5	5.1	7.6	7.4
Aire de la raie à 3658 cm^{-1}	0.112	0.238	0.250	0.482	0.592
Aire de la raie à 3746 cm^{-1}	16.71	20.24	15.48	20.23	15.89
S_{VO-H} (u.a.)	0.025	0.037	0.049	0.063	0.080
S_{SiO-H} (u.a.)	3.71	3.11	3.04	2.66	2.15
$Snor._{VO-H}$ (u.a.)	0.020	0.020	0.021	0.023	0.025

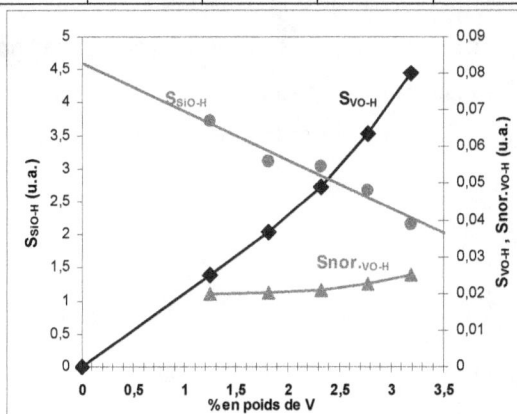

Figure V. 21 : Evolution des surfaces normalisées des raies caractéristiques de SiO-H et VO-H.

L'intensité de la raie à 3746 cm^{-1} des groupements silanols rapportée par une unité de masse d'échantillon (S_{SiO-H}) diminue quasi-linéairement avec la teneur en vanadium des catalyseurs. Ceci s'explique pour la formation de liaisons pontantes Si-O-V avec l'ajout du vanadium. La diminution du nombre de groupements silanols a également été observée par spectroscopie Raman sur les catalyseurs V08 à V32. Par extrapolation à une valeur nulle de S_{SiO-H}, on peut déduire la teneur maximale théorique de vanadium qu'on peut disperser sur un catalyseur préparé selon notre méthode. Elle est de 6.3% en poids et est comparable à celle calculée à partir des résultats de spectroscopie Raman (vers 7% en poids).

L'intensité de la raie à 3658cm^{-1} attribuée à la vibration $_{VO-H}$ rapportée par une unité de masse d'échantillon (S_{VO-H}) augmente avec la teneur en vanadium des catalyseurs. Cette évolution n'est pas reportée pour d'autres catalyseurs de type V/SiO$_2$ comme ceux préparés par greffage sur une MCM48 [18].

Par ailleurs, les surfaces normalisées Snor.$_{VO-H}$ des catalyseurs V08-V12 sont pratiquement les mêmes et augmentent de manière significative pour les catalyseurs V16 à V24. Cette évolution peut être expliquée par une distribution différente de deux types d'espèces vanadium monomériques V1 et V2 à la surface des catalyseurs (voir figure V.22). En effet, en supposant que la quantité d'espèces V1 atteigne à une valeur limite lorsque l'on augmente la teneur en vanadium du catalyseur, le pourcentage de V1 par rapport au nombre total d'espèces vanadium des catalyseurs V08 et V12 sera plus important que pour les autres catalyseurs. Un facteur pourrait limiter le nombre de groupements VO-H rapporté par unité de vanadium sur ces catalyseurs (Snor.$_{VO-H}$).

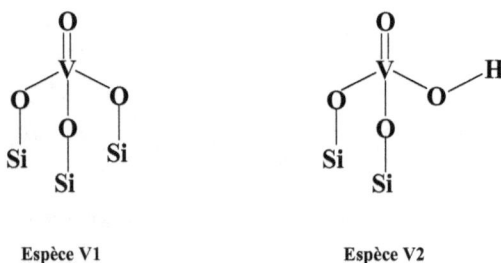

Espèce V1   Espèce V2

Figure V. 22 : Représentation schématique de deux types d'espèces vanadium monomériques

Par ailleurs, si l'on suppose que des espèces oligomériques ou polymériques sont présentes sur les catalyseurs ayant des teneurs en vanadium plus élevées (V16 à V24), l'hydrolyse des liaisons V-O-V de ces espèces, à haute température, ferait augmenter le nombre de groupements VO-H de ces catalyseurs lors de la déshydratation. On observerait alors, après déshydratation, une proportion d'espèces vanadium monomériques V2 plus élevée que celle sur les catalyseurs V08 et V12, ce qui est le cas. Les espèces V2 pourraient ainsi correspondre soit à des espèces vanadium monomériques parfaitement isolées, soit à des espèces vanadium monomériques non-isolées résultant de l'hydrolyse des espèces polymériques (voir figure V.23).

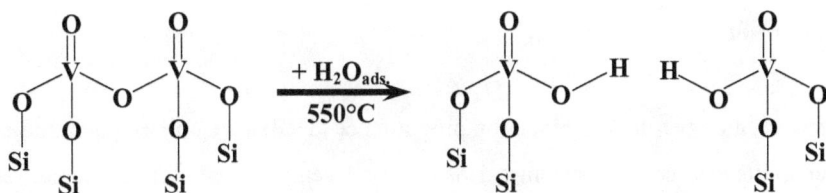

Figure V. 23 : Représentation schématique d'espèces V2 issues de l'hydrolyse d'un dimère V_2O_7.

Ces analyses nous permettent de proposer l'existence de trois types d'espèces, sur les catalyseurs V08 – V24 déshydratés : une espèce vanadium isolées sans groupement OH (V1), et deux espèces vanadium isolée ou non isolée avec un groupement OH (V2). La croissance légère des valeurs Snor.$_{VO-H}$ pour les catalyseurs V16, 20 et V24 peut provenir de l'augmentation de la proportion d'espèces V2 isolées ou non.

Une autre forme possible d'espèce vanadium monomérique, avec deux groupements hydroxyles sur un atome de vanadium, est présentée sur la figure V.24.

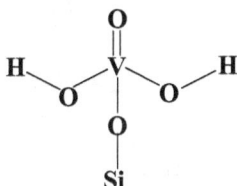

Figure V. 24 : Représentation schématique d'une espèce vanadium avec deux groupements hydroxyles sur un atome vanadium.

Si une telle espèce existe, sa symétrie de site est C_{2v}. Il existerait alors deux vibrations d'élongation des liaisons O-H, une symétrique et l'autre anti-symétrique. D'après la table de caractère du groupe C_{2v}, ces deux vibrations sont actives en infrarouge. Le spectre IR devrait donc contenir deux raies d'élongation v_{VO-H} aux alentours de 3600 cm^{-1} correspondant à cette espèce, ce qui n'est pas le cas. Nous rejetons donc la possibilité d'avoir une telle espèce sur nos catalyseurs.

V.5. Caractérisation des catalyseurs par thermo-réduction programmée

La caractérisation par thermo-réduction programmée (TRP) a été utilisée pour étudier la réductibilité des espèces vanadium dans nos catalyseurs. Les conditions opératoires pour l'enregistrement des courbes ont été présentées dans le paragraphe V.1.7. Lors de cette étude, les catalyseurs V08 à V24 sont comparés aux catalyseurs V16MC2, V16NP et V28IMP préparés différemment.

V.5.1. Résultats de l'étude de thermo-réduction programmée sur les catalyseurs V08 – V24

La figure V.25 présente les courbes TPR des catalyseurs V08-V24.

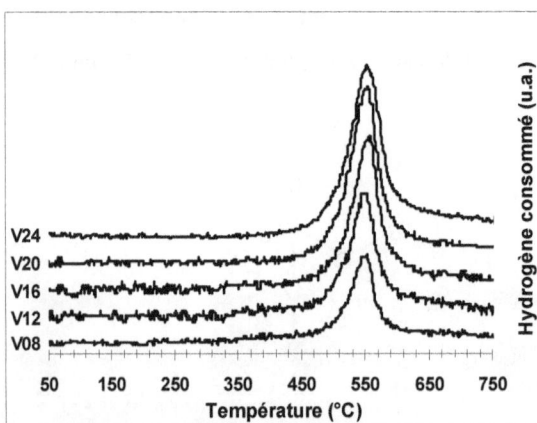

Figure V. 25 : Courbes de TPR des catalyseurs V08-V24.

L'existence de deux pics entre 450 et 750°C environ apparaît lorsqu'on décompose les courbes des échantillons V08-V24 en composantes individuelles. Un exemple de la décomposition d'une courbe TRP est présenté sur la figure V.26.

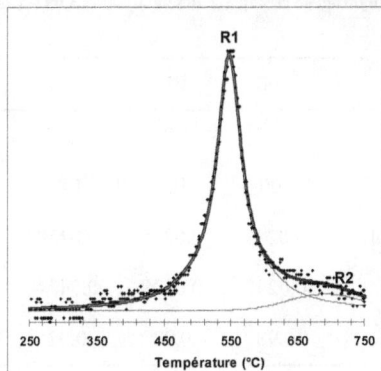

Figure V. 26 : Décomposition de la courbe de thermo-réduction du catalyseur V12.

L'un des deux pics est très intense et fin alors que l'autre est peu intense et très large. Le pic le plus intense (R_1) centré sur 550 ± 3°C est attribué à la réduction des espèces monomériques isolées sur la surface du catalyseur [19]. Le pic le plus large (R_2) correspond à une température de réduction de l'ordre de 680°C. La caractérisation des catalyseurs V08 à V24 par spectroscopie Raman et par diffraction des rayons X montre qu'ils ne contiennent pas de V_2O_5 cristallin. Ainsi, le pic R2 pourrait être attribué à la réduction d'espèces vanadium polymériques [19]. L'intégration des deux pics après décomposition des courbes donne alors accès à la quantité d'hydrogène consommée pour la réduction de chaque espèce V^{5+}. Néanmoins, dans le cas du pic R2, cette détermination est imprécise et n'a pas été retenue du fait de la largeur de ce pic et de sa position proche de celle du pic R1.

Nous avons donc calculé, pour chaque catalyseur, la quantité d'hydrogène consommée pour réduire les espèces vanadium isolées et le rapport molaire entre la quantité d'hydrogène consommée et celle de vanadium dans l'échantillon

(Rap.H_2/V). Ces calculs sont donc effectués uniquement sur les pics R1. Les résultats obtenus sont présentés dans le tableau V.6 et sur la figure V.27.

Tableau V. 6 : Consommations d'hydrogène et Rap.$_{H2/V}$ des catalyseurs V08 – V24 calculés sur le pic R1.

Catalyseur	V08	V12	V16	V20	V24
% en poids de vanadium	1.25	1.81	2.32	2.78	3.19
Masse d'échantillon (mg)	100	100	100	100	100
Quantité de V à réduire (mmol)	0.0245	0.0355	0.0438	0.0546	0.0626
H_2 consommé (mmol)	0.0242	0.0328	0.0404	0.0439	0.0476
Rap.$_{H2/V}$ (mmol/mmol)	0.98	0.92	0.92	0.81	0.76

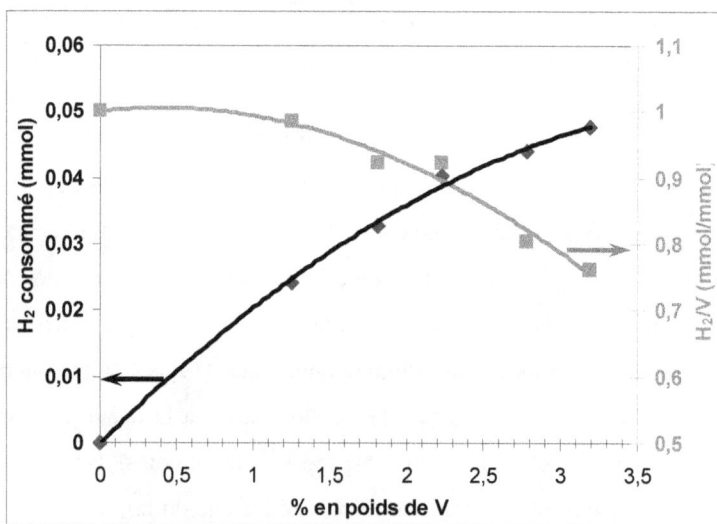

Figure V. 27 : Consommation d'hydrogène au cours de l'analyse par thermo-réduction programmée et Rapport molaire H_2/V en fonction de la teneur en vanadium (calculés sur le pic R1).

Pour le catalyseur V08 qui ne contient pratiquement que des espèces vanadium monomériques, le rapport molaire RapH_2/V correspondant à la quantité d'hydrogène nécessaire pour réduire un ion V^{5+} est égale à 0.98. Ceci laisse supposer que le vanadium V^{5+} est réduit en V^{3+} dans les conditions de l'enregistrement des courbes TRP selon la réaction :

$$(V=O)^{3+} \quad + \quad H_2 \quad \longrightarrow \quad V^{3+} \quad + \quad H_2O$$

La surface du pic R_1 (S_{R1}), qui correspond à la quantité d'hydrogène consommée pour réduire les espèces V^{5+} isolées du catalyseur, augmente régulièrement en fonction de la teneur en vanadium alors que le rapport molaire Rap.$_{H2/V}$ diminue (figure V.25). Cette diminution du rapport molaire H_2/V (Rap.H_2/V) du pic R1 peut être expliquée par l'apparition de plus en plus nombreuse d'espèces vanadium polymériques avec la teneur en vanadium.

V.5.2. Résultats de l'étude TRP des catalyseurs V16MC2, V16NP et V28IMP

Nous avons également enregistré les courbes de TRP des autres catalyseurs synthétisés selon d'autres protocoles (V16MC2, V16NP, et V28IMP). La synthèse de deux premiers est décrite au chapitre IV et la synthèse de V28IMP est faite par imprégnation de NH_4VO_3 sur le support MCM41 selon un protocole proposé par H. Berndt et al. [16] (voir paragraphe III.4.3.1). Les courbes de TPR de ces échantillons sont présentées sur la figure V.28 en comparaison avec celle de V12.

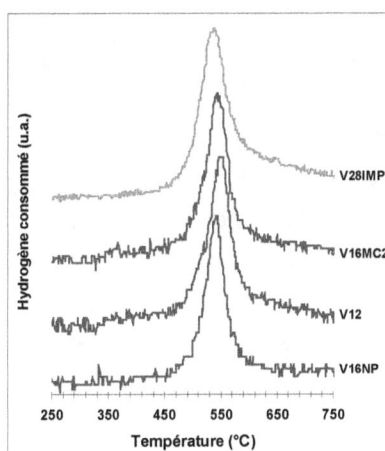

Figure V. 28 : Comparaison des courbes TRP des différents catalyseurs.

La figure V.29 présente la contribution des raies R_1 et R_2 sur les courbes TRP des catalyseurs V12 et V28IMP. La contribution du pic R_2, qui représente la quantité d'hydrogène consommée pour réduire des espèces polymériques dans le catalyseur V28IMP, est plus importante que celle dans les catalyseurs V16NP, V12 et V16MC2.

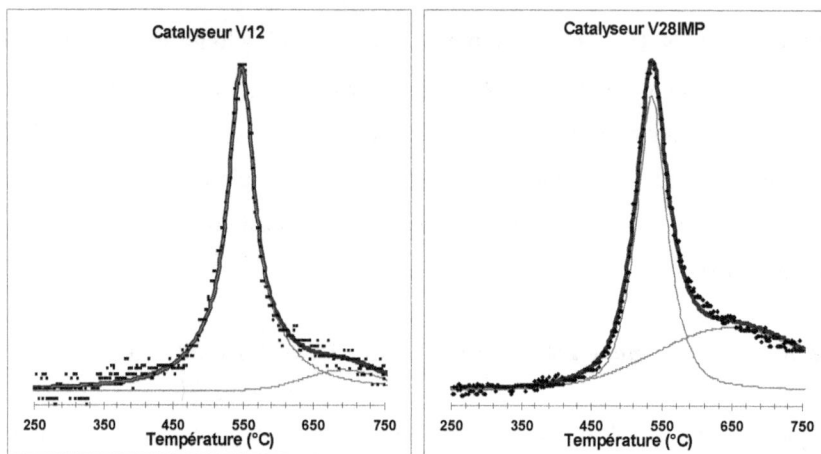

Figure V. 29 : Contribution R1 et R2 sur les courbes de TRP de V12 et V28IMP.

Les propriétés des pics R_1 des courbes TRP des catalyseurs de type vanadium supporté sur silice mésoporeuse préparés dans notre laboratoire sont présentées dans le tableau V.7.

Tableau V. 7 : Données expérimentales et résultats de l'études TRP des différents catalyseurs V/SiO$_2$.

Catalyseur	V08	V12	V16	V20	V24	V16MC2	V16NP	V28IMP
%V en poids	1.25	1.81	2.32	2.78	3.19	1.87	0.8	2.8
Masse d'échantillon (mg)	100	100	100	100	100	100	100	100
Quantité V à réduire (mmol)	0.0245	0.0355	0.0483	0.0546	0.0626	0.0367	0.0157	0.0550
H$_2$ consommé (mmol)	0.0242	0.0328	0.0404	0.0439	0.0476	0.0337	0.0147	0.0217
Rap.$_{H_2/V}$ (mmol/mmol)	*0.98*	*0.92*	*0.92*	*0.81*	*0.76*	*0.92*	*0.94*	*0.39*
Largeur du pic R1 (°C)	45.3	46.8	47.4	49.6	55.5	46.8	39.4	51.1
Temp. de réduction (°C)[*]	547	548	553	550	552	543	550	536

[*] *Prise au sommet du pic R1*

Le rapport molaire H_2/V (Rap.H_2/V) calculé à partir de la raie R_1 correspond en fait à la consommation d'hydrogène pour réduire les espèces vanadiums V^{5+} isolés en V^{3+}. Les catalyseurs préparés d'après nos protocoles (V12 - V24, V16MC2 et V16NP) ont des valeurs Rap.H_2/V assez similaires et nettement plus élevées que celles du catalyseur préparé par imprégnation (figure V.30). On observe donc que le degré d'isolation des espèces vanadium sur les catalyseurs préparés en utilisant notre méthode standard ou modifiée (V16MC2 ou V16NP) est bien meilleur que celui des catalyseurs préparés par imprégnation.

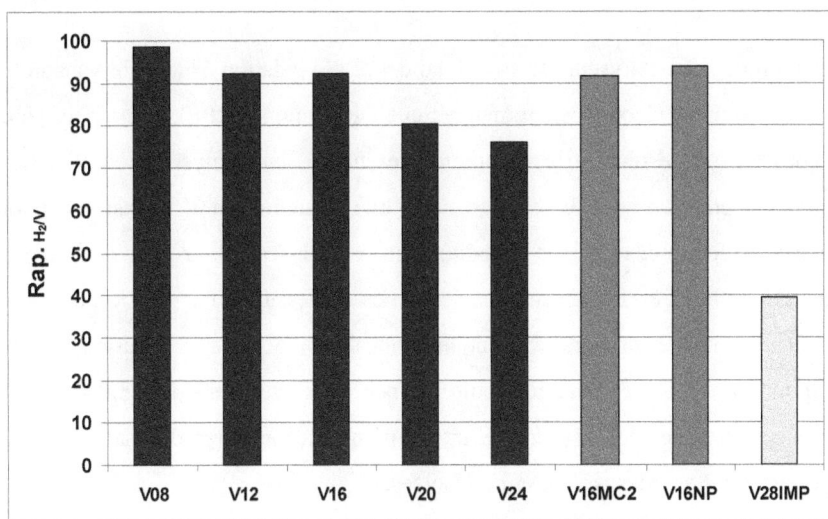

Figure V. 30 : Rapports H_2/V des différents catalyseurs déduits des résultats de thermo-réduction programmée.

La largeur et la température de réduction sont des paramètres qui caractérisent les espèces vanadium sur la surface. En effet, la température de réduction exprime la force de liaison entre les espèces vanadium et le support. Plus ces liaisons sont stables, plus la température de réduction est élevée. La largeur du pic R1 peut traduire l'homogénéité des espèces isolées sur la surface si l'on néglige des effets de diffusion de l'hydrogène et des produits de la réduction ainsi que des changements de l'état de solide pendant l'enregistrement des courbes TRP. Dans le tableau V.7 où ces paramètres sont reportés, on constate que la température de réduction et la largeur du pic sont très proches les unes des autres pour les catalyseurs présentant majoritairement des espèces isolées. Les espèces vanadium sur ces solides sont donc très semblables. Pour les autres solides, la température de réduction ne change pas trop mais la largeur des pics est plus élevée. Ceci pourrait être du à un début d'interaction entre ces espèces ou avec les clusters d'oxyde de vanadium.

V.6. Caractérisation des catalyseurs par résonance paramagnétique électronique (RPE)

Le vanadium de nos catalyseurs se trouve au degré d'oxydation 5+. Or, le vanadium V^{5+} n'est pas actif en résonance paramagnétique électronique (RPE). C'est pourquoi, nous avons essayé de réduire le vanadium présent sur les catalyseurs en V^{4+}. Les conditions ont été bien contrôlées pour éviter une réduction en V^{3+} ainsi que pour conserver la structure des espèces vanadium sur le catalyseur. Pour cela, nous avons traité les échantillons en les plaçant sur des frittés au dessus d'une solution d'eau et de méthanol dont le rapport volumique était de 50/50. Cette solution et les échantillons ont été placés dans une boite fermée. Nos avons ensuite enregistré à -196°C les spectres des échantillons réduits ainsi que les spectres d'échantillons de référence pour des espèces isolées et non isolées.

L'échantillon de référence (a) contenant des ions V^{4+} isolés ét présentant donc une structure hyperfine (HPF) a été préparé par dissolution de sulfate de vanadyl $VOSO_4$ (1% masse) dans une solution dont le rapport molaire était le suivant : TEOS : $C_2H_5OH : H_2O = 1 : 3 : 4$ [20]. L'échantillon de référence (b) contenant des cations V^{4+} non isolés a été obtenu par broyage de $VOSO_4$ avec une silice mésoporeuse pour obtenir un mélange à 2% en poids de vanadium. Les spectres RPE des échantillons de référence enregistrés sont présentés sur la figure V.31.

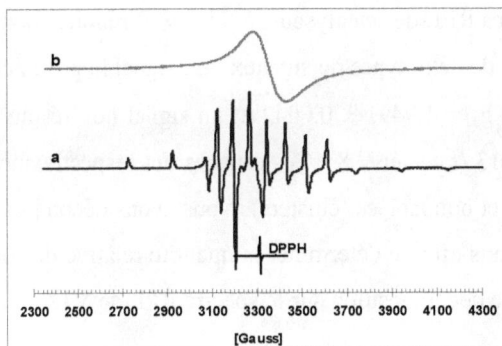

Figure V. 31 : Spectres RPE des références V⁴⁺ isolé (a) et non isolé (b).

La figure V.32 regroupe les spectres RPE des échantillons réduits de V08 à V20.

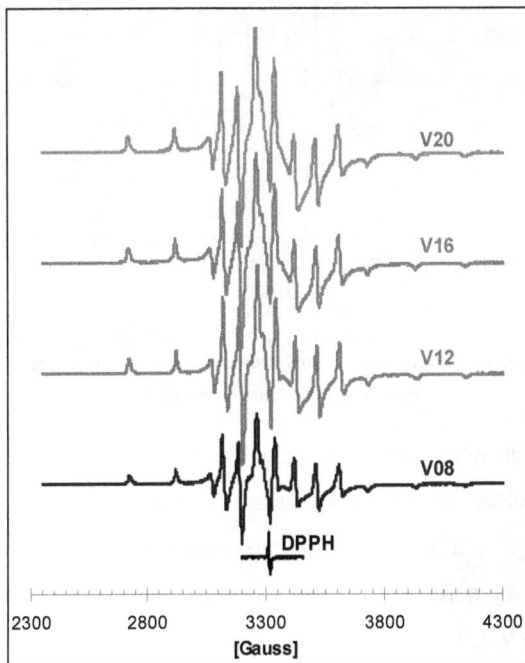

Figure V. 32 : Spectres RPE des catalyseurs V08 à V20 réduits.

En calculant le nombre de spin adsorbé des catalyseurs réduits, nous avons estimé que seulement 10 à 14% du vanadium dans chaque échantillon est réduit en V^{4+} actif en RPE. Les spectres RPE des catalyseurs V08 à V20 réduits correspondent toujours à une superposition de deux types de signaux : un signal hyperfin caractérisé par $g_{//}$ = 1.9447 ± 0.0020 et $g_{\perp}$ = 1.9491 ± 0.0042 et un signal non résolu caractérisé par un g_{iso}= 1.9795 ± 0.0013 (tableau V.8). Ces espèces ont respectivement été attribuées à des espèces isolées et non isolées (clusters). Nous avons décomposé les spectres RPE des catalyseurs réduits afin de déterminer la quantité relative des différentes espèces. Un exemple de cette décomposition sur le spectre RPE de V12 réduit est présenté sur la figure V.31.

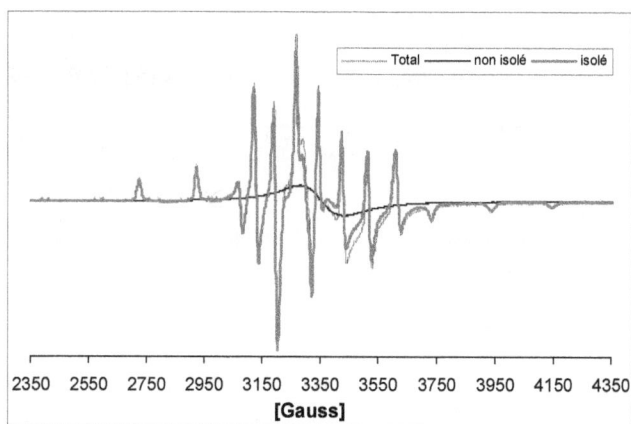

Figure V. 33 : Décomposition du spectre RPE du catalyseur V12 réduit en deux sous spectres correspondant aux signaux de vanadium isolé et non isolé.

Cette décomposition nous permet de calculer la répartition des espèces vanadium isolées et non isolées sur les catalyseurs. Cette répartition ne concerne que le vanadium réduit (V^{4+}). Elle montre une augmentation du pourcentage de V^{4+} non isolé par rapport au nombre total de V^{4+} avec la teneur en vanadium dans les catalyseurs (figure V.32).

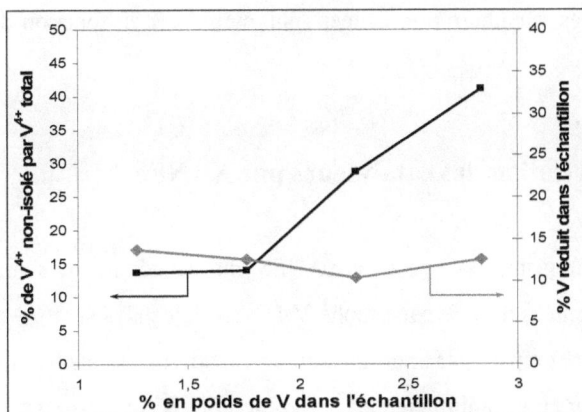

Figure V. 34 : Pourcentage de V réduit dans l'échantillon et de V^{4+} non isolé en fonction de la teneur en vanadium.

Le tableau V.8 regroupe les paramètres caractéristiques des spectres RPE des catalyseurs V08 à V20 réduits que nous avons enregistrés.

Tableau V. 8 : Caractéristiques des spectres RPE des espèces vanadium réduits sur les catalyseurs

Catalyseurs	Spectres hyperfins				Spectres Gaussiens	
	$g_{//}$	$A_{//}$	$g_{\perp}$	$A_{\perp}$	H_{iso}	g_{iso}
V08	1.9452	196.8	1.9470	210.7	3356.7	1.9781
V12	1.9437	198.2	1.9443	208.1	3355.6	1.9787
V16	1.9425	198.6	1.9522	214.9	3353.6	1.9799
V20	1.9472	197.0	1.9529	215.0	3351.7	1.9811

Bien que la réduction de V^{5+} en V^{4+} n'affecte que 12 à 15% de vanadium présent dans les échantillons, l'étude de RPE sur les catalyseurs V08 – V20 réduits a permis de mettre en évidence les espèces vanadium isolées et non isolées existant dans les catalyseurs. L'existence et la répartition en nombre de ces deux espèces a été étudiée par d'autres techniques comme : la spectroscopie infrarouge et la thermo-réduction programmée pour lesquelles nous avons également observé une augmentation du nombre d'espèces vanadium non isolées (polymériques) en fonction de la teneur en vanadium.

V.7. Caractérisation des catalyseurs par XANES

Nous avons enregistré les spectres XANES du vanadium au seuil K, dans les conditions présentées dans le paragraphe V.1.9, sur le catalyseur V08 et le catalyseur V08Imp qui a été préparé par imprégnation de vanadium sur la silice mésoporeuse. Il a la même teneur en vanadium que le catalyseur V08. D'autres spectres ont également été enregistrés

-   sur le catalyseur V08 après réaction sorti du réacteur sous air (V08R),

-   sur le catalyseur V08 après réaction récupéré sous argon pour éviter le contact avec l'air (V08RAr).

Les spectres XANES obtenus sont présentés sur la figure V.35.

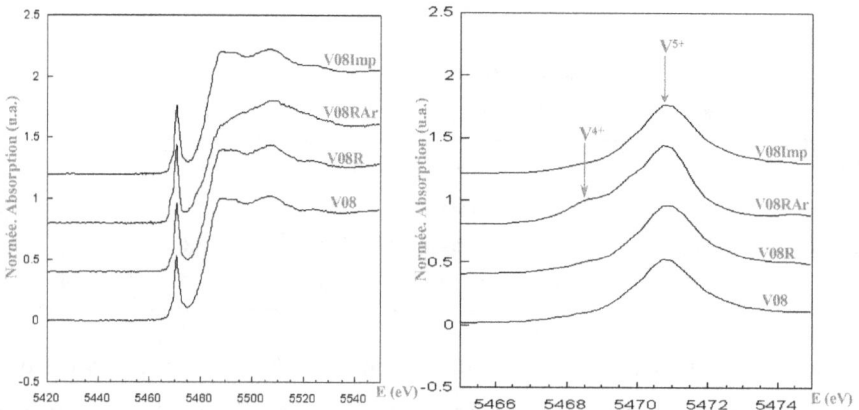

Figure V. 35: Spectres XANES des échantillons V08, V08R, V08RAr et V08Imp.

Les quatre spectres XANES présentent un prépic à 5471eV caractéristique d'espèces V^{5+} dans les échantillons. Nous n'observons pas d'espèces V^{4+} dans les catalyseurs frais V08, V08Imp et dans le solide V08 près réaction récupéré sous air. Seul le solide V08 après réaction récupéré sous argon (V08RAr) présente un spectre différent avec épaulement sur le prépic à 5468.5eV qui s'explique par la présence de V^{4+}. Ceci tend à montrer qu'au moins le couple rédox V^{5+}/V^{4+} intervient dans la catalyse et que les catalyseurs doivent être partiellement réduits dans les conditions de tests catalytiques. Cette réduction de plus apparaît totalement réversible.

V.8. Conclusion

La caractérisation des catalyseurs préparés dans le laboratoire a montré qu'ils correspondaient à des solides mésoporeux mal organisés à l'exception du catalyseur V16NP préparé très différemment. Les catalyseurs V08 à V32 ainsi que le catalyseur V16MC2 présentent une surface spécifique très élevée avec des mésopores qui se répartissent dans un domaine large avec une distribution binodale plus ou moins marquée.

Notre méthode de préparation permet de disperser finement les espèces vanadium sur les catalyseurs. Nous n'avons pas mis en évidence, par diffraction des rayons X et par microscopie Raman, la présence de V_2O_5 même dans le catalyseur V32 dont la teneur en vanadium est la plus importante.

Les études par spectroscopie Raman, IRTF et TRP ont permis la mise en évidence d'au moins deux espèces vanadium : monomérique (isolée), polymérique (non isolée) sur les catalyseurs. S'il ne nous a pas été possible de calculer la distribution en nombre de ces deux types d'espèces en exploitant les résultats des différentes études, nous avons néanmoins clairement mis en évidence et pu suivre la baisse du pourcentage d'espèces vanadium monomériques avec la teneur en vanadium. Ce phénomène a été également observé lors de l'étude par RPE sur les catalyseurs réduits. Cette dernière étude nous a permis de calculer une distribution en nombre des deux espèces. Néanmoins, la réduction des ions V^{5+} en V^{4+} nécessaire pour l'utilisation de la technique n'étant pas totale, cette détermination ne peut être retenue comme valable.

Un résultat important obtenu dans l'étude IRTF est la mise en évidence de liaisons V-OH qui nous a amené à proposer l'existence d'espèces monomériques présentant à la fois une liaison V=O courte et une liaison V-OH. Si une telle espèce avait déjà été proposée dans la littérature, son existence n'avait jamais été démontrée.

V.9. Références bibliographiques

[1]   S. Brunauer, P. H. Emmett, E. Teller, *J. Am. Chem. Soc.*, 60 (1938) 309.

[2]   E. P. Barrett, L. G. Joyner, P. P. Halende, *J. Am. Chem. Soc.*, 73 (1951) 373.

[3]   B. C. Lippens, J. H. de Boer, *J. Catal.*, 4 (1965) 319.

[4]   B. C. Lippens, B. G. Linsen, J. H. de Boer, *J. Catal.,* 3 (1964) 32.

[5]   M. Che, D. Olivier, L. Bonneviot, P. Meriaudeau dans B. Imelik, J. C. Vedrine (Eds.) « Les techniques physiques d'étude des catalyseurs », Edition Technip, 1988, p. 231.

[6]   S. Wang, D. Wu, Y. Sun, B. Zhong, *Mater. Res. Bull.,* 36 (2001) 1717.

[7]   P. C. Schulz, M. A. Morini, M. Palomeque, J. E. Puig, *Colloid. Polym. Sci.,* 280 (2002) 322.

[8]   M. L. Peña, A. Dejoz, V. Fornés, F. Rey, M. I. Vazquez, J. M. Lopez Nieto, *Appl. Catal. A,* 209 (2001) 155.

[9]   D. Kumar, K. Schumacher, C. du Fresne von Hohenesche, M. Grün, K. K. Unger, *Colloids and Surfaces*, 187-188 (2001) 109.

[10]   F. D. Hardcastle, I. E. Wachs, *J. Phys. Chem.,* 95 (1991) 5031.

[11]   Q. Sun, J. M. Jehng, H. Hu, R. G. Herman, I. E. Wachs, K. Klier, *J. Catal.,* 165 (1997) 91.

[12]   L. J. Burcham, G. Deo, X. Gao, I. E. Wachs, *Topics in Catalysis*, 11/12 (2000) 85.

[13]   X. Gao, S. R. Bare, B. M. Weckhuysen, I. E. Wachs, *J. Phys. Chem. B*, 102 (1998) 10842.

[14]   M. Mathieu, P. Van Der Voort, B. M. Weckhuysen, R. R. Rao, G. Catana, R. A. Schoonheydt, E. F. Vansant, *J. Phys. Chem. B,* 105 (2001) 3393.

[15] Z Luan, P. A. Meloni, R. S. Czernuszewicz, L. Kevan, *J. Phys. Chem. B,* 101 (1997) 9046.

[16] H. Berndt, A. Martin, A. Brücker, E. Schreier, D. Müler, H. Kosslick, G. U. Wolf, B. Lücke, *J. Catal,* 191 (2000) 384.

[17] G. Ricchiardi, A. Damin, S. Bordiga, C. Lamberti, G. Spano, F. Rivetti, A. Zecchina, *J. Am. Chem. Soc.,* 123 (2001) 11409.

[18] M. Baltes, K. Cassiers, P. Van Der Voort, B. M. Weckhuysen, R. A. Schoonheydt, E. F. Vansant, *J. Catal. A,* 197 (2001) 160.

[19] V. Sokolovskii, F. Arena, S. Coluccia, A. Parmaliana, *J. Catal.,* 173 (1998) 238.

[20] L. D. Bogomolova, V. A. Jachkin, N. A. Krasil'nokova, *J. Non-Crist. Solids,* 241 (1988) 13.

CHAPITRE VI : TESTS CATALYTIQUES

VI.1. Introduction

Les tests catalytiques de nos catalyseurs ont été effectués grâce à l'appareillage et selon les méthodes décrites dans le paragraphe III.2. Ce chapitre comprend quatre parties qui correspondent à quatre ensembles d'expérimentations. Dans une première partie, nous avons comparé les performances de nos catalyseurs avec celles des meilleurs catalyseurs de la littérature grâce à des tests préliminaires. Dans la deuxième partie, nous présentons des études à iso-conversion pour évaluer les performances de nos catalyseurs en fonction de leur teneur en vanadium. La troisième partie présente la comparaison des performances catalytiques des catalyseurs V12, V16, V16MC2 et V16NP. Dans la dernière partie, nous avons étudié la stabilité de nos catalyseurs dans le temps.

VI.2. Tests catalytiques préliminaires

Les tests catalytiques préliminaires ont été réalisés sur les catalyseurs V08, V16 et V32. Ils ont eu pour but d'évaluer rapidement les performances des catalyseurs en fonction de la teneur en vanadium et de la température réactionnelle.

VI.2.1. Conditions opératoires des tests catalytiques préliminaires

Les conditions opératoires de ces tests sont présentées dans le tableau VI.1. Les réactions d'oxydation du méthane étant très exothermiques et les charges utilisées n'ayant pas été diluées, la température de réaction des tests n'était contrôlable qu'à 5-6°C près à haute conversion. Compte tenu de l'activité très importante du catalyseur V32 dont la teneur en vanadium est la plus élevée, la masse du catalyseur V32 chargée dans le réacteur a été diminuée pour obtenir des conversions comparables à celles des catalyseurs V08 et V16 dans l'intervalle de température étudié.

Tableau VI. 1 : Conditions opératoires des tests catalytiques préliminaires.

Catalyseur	Composition de la charge (% mol)				masse$_{cat.}$ (g)	Débit (ml.min^{-1})	VVH (h^{-1})	Température (°C)
	Ne	CH$_4$	O$_2$	H$_2$O				
V08	10	45	10	35	0.1	100	6000	550-609
V16	10	45	10	35	0.1	100	6000	550-602
V32	10	45	10	35	0.05	100	12000	550-602

VI.2.2. Résultats des tests catalytiques préliminaires

Les résultats des tests catalytiques préliminaires sont présentés dans le tableau VI.2.

Ces tests montrent que les catalyseurs V08, V16 et V32 sont actifs pour l'oxydation ménagée du méthane en formaldéhyde. Entre 550 et 600°C, les produits principaux de la réaction sont le formaldéhyde et le monoxyde de carbone. La sélectivité totale de ces deux produits reste alors presque inchangée autour de 95%. Nous avons également observé la formation systématique de CO_2 et de méthanol en faible quantité. Les résultats analytiques mettent également en évidence des traces de C_2H_4 et C_2H_6 (<0.01%) dans les produits quand la température de réaction atteint 600°C. Ceci peut s'expliquer par la formation plus importante, à haute température, de radicaux CH_3^* qui réagissent entre eux. Des réactions de ces radicaux sur le catalyseur ou dans la phase gazeuse devraient également être à l'origine de la baisse des performances des catalyseurs à plus haute température.

L'augmentation de la teneur en vanadium dans les catalyseurs a un effet positif sur l'activité du catalyseur mais cet effet n'est clairement mis en évidence qu'à basse température (≤580°C). A 600°C, la conversion devient plus importante et la vitesse de réaction pourrait alors être contrôlée par d'autres processus superficiels (diffusion, adsorption, désorption des intermédiaires, des produits) ou par des réactions homogènes en phase gazeuse qui deviennent plus importantes.

Tableau VI. 2 : Performances des catalyseurs V08, V16 et V32 en fonction de la température.

Catalyseur V08					
Température (°C)	Conversion (%)	Sélectivité (%)			
		HCHO	CO	CO_2	CH_3OH
550	1.1	78.2	14.2	1.5	6.1
569	3.5	70.1	24.9	1.3	3.7
582	5.7	61.5	34.7	1.5	2.3
609	14.2	31.4	63.2	4.2	1.1

Catalyseur V16					
Température (°C)	Conversion (%)	Sélectivité (%)			
		HCHO	CO	CO_2	CH_3OH
550	2.7	72.5	23.3	0.7	3.5
571	5.3	59.8	37.0	1.1	2.1
582	6.6	55.0	42.4	1.3	1.4
602	14.4	29.6	65.2	4.4	0.8

Catalyseur V32					
Température (°C)	Conversion (%)	Sélectivité (%)			
		HCHO	CO	CO_2	CH_3OH
551	1.6	68.4	28.5	0.76	2.44
573	4.5	53.8	43.7	1.4	1.12
588	7.0	41.9	55.0	2.4	0.7
600	11.1	27.2	67.1	5.3	0.4

Pour comparer les performances des catalyseurs, nous avons, en première approximation, négligé l'effet de la température sur la performance des catalyseurs. Ainsi, nous avons tracé pour les différents catalyseurs des courbes sélectivité – conversion que nous avons comparées avec la courbe virtuelle schématisant les meilleures performances à 600°C de catalyseurs publiées dans la littérature (figure VI.1). On constate que les performances des catalyseurs V08 et V16 sont comparables et nettement plus élevées que celles de V32 et des catalyseurs de la littérature. Ceci est d'autant plus intéressant que la température de réaction est systématiquement plus basse (<600°C).

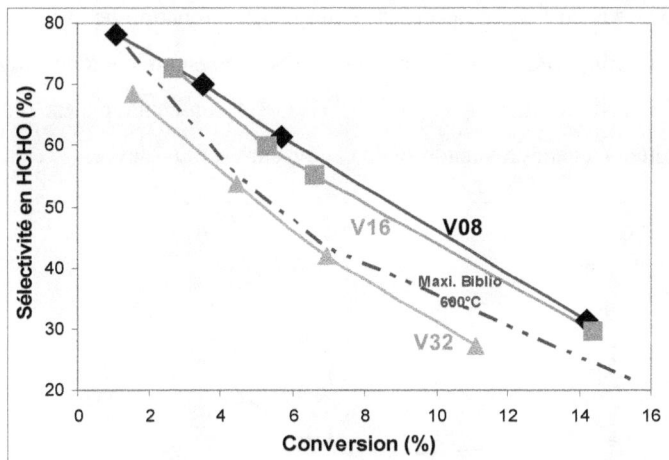

**Figure VI. 1: Comparaison des activités et sélectivités obtenues à différentes températures avec les meilleures
données reportées dans la littérature à 600°C (courbe en pointillés).**

Nous avons reporté sur la figure VI.2, l'évolution des sélectivités des différents
produits oxygénés formés en fonction de la conversion pour différentes températures.
Les sélectivités en CO et CO_2 augmentent avec la conversion et la température au
détriment de celles en produits oxygénés (formaldéhyde et méthanol dans le cas
présent) comme sur la plupart des catalyseurs d'oxydation ménagée du méthane et
des alcanes légers en général.

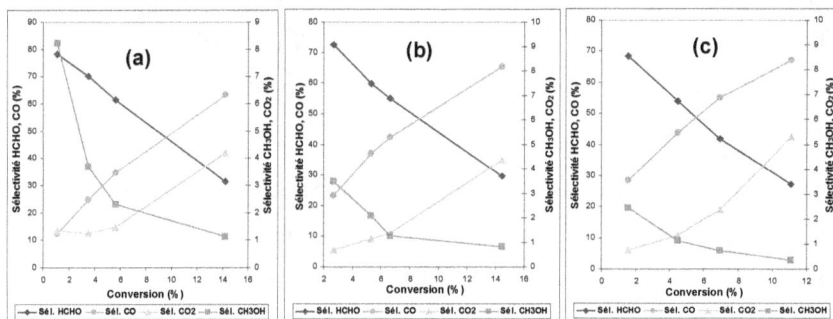

Figure VI. 2 : Relation Conversion – Sélectivité des catalyseurs V08 (a), V16 (b) et V32 (c).

Si l'on reporte sur un graphe la formation du CO_2 en fonction de la température, on observe une courbe avec une inflexion vers 580°C correspondant à une augmentation forte de la sélectivité en CO_2 (figure VI.3). Cette augmentation est d'autant plus importante que la teneur en vanadium du catalyseur est plus élevée.

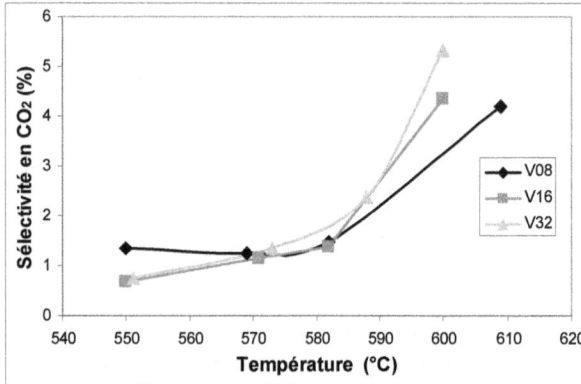

Figure VI. 3 : Sélectivité en CO_2 en fonction de la température.

VI.2.3. Conclusion

Les tests catalytiques préliminaires ont montré que les catalyseurs préparés à partir de notre protocole sont actifs et sélectifs pour l'oxydation ménagée du méthane en formaldéhyde. Les catalyseurs testés présentent de meilleures performances pour l'oxydation ménagée du méthane en formaldéhyde à une température plus basse (<600°C) que celles reportées dans la littérature (600-650°C). Une température réactionnelle plus basse peut permettre de diminuer la dégradation du formaldéhyde dans la phase gazeuse en aval du lit catalytique et permettre aussi d'obtenir une meilleure sélectivité.

Les produits principaux de la réaction sur les catalyseurs V08, V16 et V32 sont le formaldéhyde et le monoxyde de carbone. La sélectivité en CO_2 est alors très faible, ce qui peut être un avantage dans l'optique d'une valorisation complète des produits. La température optimale de réaction est d'environ 580°C, l'oxydation totale du méthane en dioxyde de carbone étant privilégiée à plus haute température.

Les courbes sélectivité – conversion des catalyseurs V08 et V16 présentées sur la figure VI.1 sont comparables mais elles sont tracées à partir de résultats obtenus à différentes températures. Des études à iso-conversion et à la même température sont indispensables pour évaluer précisément les performances des catalyseurs. Ces études ont été conduites sur les catalyseurs V08, V12, V16 et V20.

VI.3. Etudes à iso-conversion

Pour comparer les sélectivités de différents catalyseurs, ceux-ci doivent être testés à la même conversion et à la même température. Les résultats de ces tests sont présentés dans ce paragraphe.

VI.3.1. Comparaison des sélectivités à iso-conversion des catalyseurs V08 – V20

VI.3.1.1. Conditions opératoires

Les études à iso-conversion doivent être réalisées aux mêmes températures réactionnelles mais également avec le même débit de fluide gazeux dans le réacteur afin d'éviter au maximum les éventuels effets de cinétique des fluides et de diffusion sur les résultats catalytiques. De plus, l'utilisation d'un même débit d'alimentation pour ces études permet d'avoir le même temps de séjour du mélange réactionnel en aval du lit catalytique où une dégradation thermique du formaldéhyde peut avoir lieu. Si c'est le cas, cette dégradation sera alors comparable d'un catalyseur à l'autre quelque soit l'activité. Des valeurs très proches de conversions pour les différents catalyseurs sont obtenues pour chaque température de réaction en faisant varier la masse de catalyseur chargé et donc la vitesse volumique horaire de la réaction (VVH) et le temps de contact. Les tests catalytiques ont été effectués dans une plage de températures allant de 550°C à 600°C. Le tableau VI.3 présente les conditions opératoires des tests catalytiques pour les études à iso-conversion :

Tableau VI. 3 : Conditions opératoires des tests catalytiques à iso-conversion. La composition de la charge (%mol) était de 10 % Ne, 20%N_2, 10% O_2, 30%CH_4 et 30%H_2O.

Conditions opératoires	Catalyseurs			
	V08	V12	V16	V20
Débit de la charge (ml.min^{-1})	110	110	110	110
Masse de catalyseurs (mg)	100	76	60	50
VVH (h^{-1})	6600	8680	11000	13200
Temps de contact (s)	0.545	0.414	0.327	0.272
Bilan carbone (%)	98-102	98-102	98-102	98-102

VI.3.1.2. Vérification de la proportionnalité entre la conversion et la masse du catalyseur

Avant de réaliser les tests à iso-conversion, nous avons fait une étude préalable pour vérifier la proportionnalité entre la masse et la conversion quand la première varie entre 50 et 100 mg. Cette étude a été réalisée sur le catalyseur V08 en utilisant le débit et la composition de la charge présentés dans le tableau VI.3. Les résultats obtenus sont présentés dans le tableau VI.4.

Tableau VI. 4 : Etude de l'influence de la masse de catalyseur sur la conversion pour le catalyseur V08.

	Masse de catalyseur : 100mg		Masse de catalyseur : 50mg	
Température (°C)	Conversion (%)	Sélectivité (%)	Conversion (%)	Sélectivité (%)
550	1,0	82.1	0,4	89.6
560	1.8	78.5	0.8	83.4
570	2.9	69.2	1,4	79.7
580	4.6	62.5	2,3	73.8
590	7.5	50.9	3.7	67.0
600	11.1	38.0	5.7	57.1

Pour chaque température de réaction, quand la masse de catalyseur passe de 50 à 100mg, la conversion est multipliée par deux environ. La conversion augmente donc linéairement avec la masse de catalyseur. La géométrie du réacteur ainsi que le régime d'écoulement du flux gazeux dans le réacteur ne présentent donc pas d'influence notable sur l'activité des catalyseurs dans les conditions opératoires choisies. Les performances des catalyseurs peuvent ainsi être évaluées de façon fiable à partir des résultats des tests à iso-conversion.

VI.3.1.3. Résultats

Le tableau VI.5 regroupe les résultats des tests catalytiques des catalyseurs V08 à V20. Les valeurs de conversion (chiffres en gras) obtenues sur les différents catalyseurs sont pratiquement les mêmes pour chaque température de réaction.

Tableau VI. 5 : Résultats des tests à iso-conversion. Conversion du méthane (%) et sélectivité en formaldéhyde (%) obtenues lors de l'étude à iso-conversion.

Catalyseur	Température de réaction (°C)					
	550	560	570	580	590	600
V08	**1.1** / 81.4	**1.6** / 78.4	**2.8** / 71.7	**4.6** / 62.3	**7.2** / 51.3	**10.6** / 39.7
V12	**1.1** / 80.1	**1.6** / 76.8	**2.9** / 70.0	**4.7** / 60.8	**7.3** / 50.2	**10.8** / 39.5
V16	**1.0** / 81.9	**1.6** / 77.6	**2.8** / 69.0	**4.7** / 58.3	**7.4** / 47.5	**10.1** / 37.6
V20	**1.0** / 80.0	**1.6** / 76.8	**2.8** / 69.3	**4.6** / 58.7	**6.9** / 46.9	**10.0** / 34.4

Les performances catalytiques des catalyseurs V08, V12, V16 et V20 sont présentées sur la figure VI.4.

Les sélectivités à iso-conversion des catalyseurs V08 et V12 sont pratiquement les mêmes quelle soit la température. Ceci laisse à penser que les espèces vanadates constituant les sites actifs sur ces deux catalyseurs sont identiques. Ces catalyseurs contenant peu de vanadium ne présentent pratiquement que des espèces monomériques comme nous l'avons montré dans le chapitre précédent et ces dernières sont donc les espèces actives de ces catalyseurs. Entre 550 et 570°C, les quatre catalyseurs présentent une sélectivité équivalente.

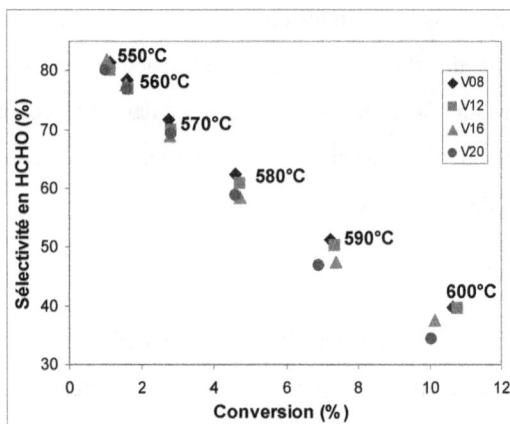

Figure VI. 4 : Performances des catalyseurs V08 – V20 à iso-conversion.

A partir de 580°C, les sélectivités divergent. Ce phénomène peut s'expliquer par l'activation à haute température de nouvelles espèces présentes uniquement dans les catalyseurs riches en vanadium et qui doivent correspondre à des espèces non isolées. Cet effet a également été mis en évidence lorsqu'on examine l'évolution des rendements en formaldéhyde en fonction de la température (figure VI.5). Les rendements en formaldéhyde des catalyseurs V16 et V20 sont plus faibles que ceux de V08 et V12. Par contre, l'évolution des rendements en formaldéhyde sur V08 et V12 est identique et tend encore à augmenter après 600°C.

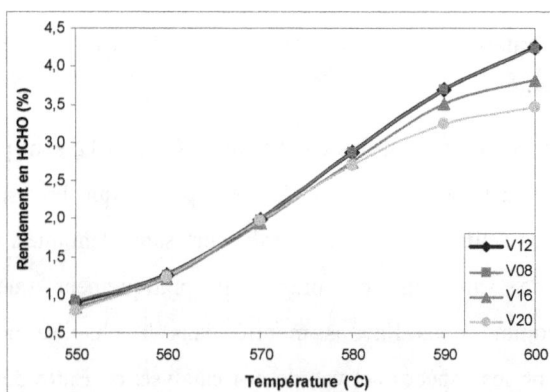

Figure VI. 5 : Evolution des rendements en formaldéhyde en fonction de la température sur les différents catalyseurs.

116

VI.3.2. Etudes de l'influence du temps de contact sur les propriétés catalytiques des catalyseurs.

Les catalyseurs V08 et V12 présentant des performances proches, nous avons comparé plus en détails leurs sélectivités à 550°C et 580°C et étudié l'influence du temps de contact en faisant varier la vitesse volumique horaire (VVH). Les résultats catalytiques ainsi que les conditions opératoires de ces tests sont présentés dans ce paragraphe.

La composition de l'alimentation pour cette étude est la même que celle utilisée dans les études à iso-conversion précédentes (en % mol) : 10% Ne, 20% N_2, 10% O_2, 30% CH_4, 30% H_2O. La masse de catalyseur chargé et le débit de charge ont été ajusté afin d'obtenir les mêmes valeurs de conversion. Les masses de catalyseur, les débits de la charge utilisés dans cette étude ainsi que les valeurs des VVH correspondantes sont présentés dans le tableau VI.6.

Tableau VI. 6 : Masses de catalyseur et débits de charge pour les études à iso-conversion sur les catalyseurs V08 et V12.

T : 550°C					
m_{V08} (mg)	100	100	100	100	100
m_{V12} (mg)	76	76	76	76	76
Débit ($cm^3.min^{-1}$)	110	55	40	27.5	22
VVH_{V08} (h^{-1})	6600	3300	2400	1650	1320
VVH_{V12} (h^{-1})	8684	4342	3153	2171	1737

T : 580°C						
m_{V08} (mg)	22	50	100	100	100	100
m_{V12} (mg)	17	38	76	76	76	76
Débit ($cm^3.min^{-1}$)	110	110	110	90	80	45
VVH_{V08} (h^{-1})	30000	13200	6600	5400	4800	2700
VVH_{V12} (h^{-1})	38824	17368	8684	7105	6316	3553

En ajustant la masse de catalyseur et le débit de charge, nous avons obtenu des conversions similaires permettant de comparer les catalyseurs V08 et V12 à 550 et 580°C. Le tableau VI.7 regroupe les résultats de l'étude.

Tableau VI. 7 : Résultats des tests à iso-conversion du V08 et V20 à 550 et 580°C.

Température de réaction : 550°C				Température de réaction : 580°C			
V08		V12		V08		V12	
VVH (h⁻¹)	**Conv** / Sél.	*VVH (h⁻¹)*	**Conv** / Sél.	*VVH (h⁻¹)*	**Conv** / Sél.	*VVH (h⁻¹)*	**Conv** / Sél.
6600	**1.1** / 81.4	*8648*	**1.0** / 81.2	*30000*	**1.1** / 84.4	*38824*	**1.1** / 83.1
3300	**2.4** / 69.2	*4342*	**2.4** / 67.8	*13200*	**2.5** / 74.3	*17368*	**2.6** / 73.1
2400	**3.3** / 61.7	*3158*	**3.3** / 60.3	*6600*	**4.8** / 62.1	*8684*	**4.9** / 61.0
1650	**5.2** / 49.6	*2171*	**5.1** / 48.8	*5400*	**6.0** / 56.2	*7105*	**6.0** / 55.2
1320	**6.8** / 40.9	*1737*	**6.7** / 40.0	*4800*	**6.8** / 52.4	*6316*	**6.9** / 54.1
				2700	**12.9** / 29.9	*3553*	**13.0** / 30.3

La figure VI.6 compare les performances de V08 et V12 à 550 et 580°C.

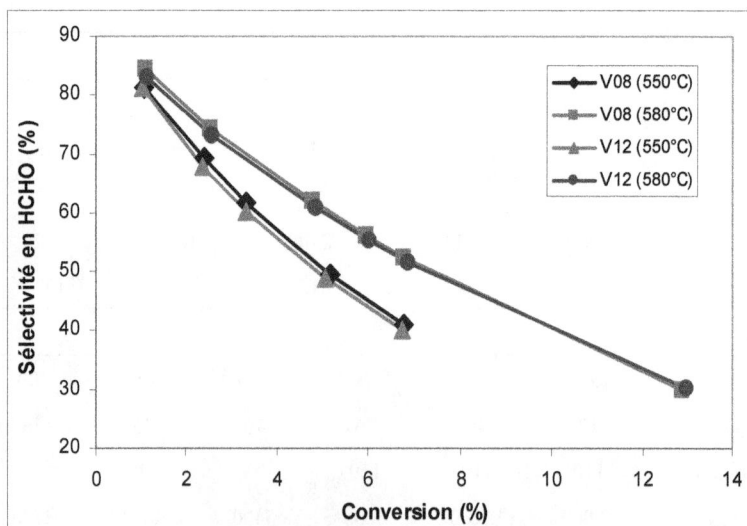

Figure VI. 6 : Performances de V08 et V12 à 550 et 580°C.

Les sélectivités des catalyseurs V08 et V12 à 550°C et à 580°C sont comparables. A 580°C, les catalyseurs V08 et V12 présentent de meilleures sélectivités. En effet, les courbes de sélectivité à 580°C, à basse conversion (1 – 6%), se trouvent toujours au dessus de celles à 550°C. En fait, pour obtenir une même conversion à 580°C, il est nécessaire d'utiliser une valeur de VVH quatre fois plus élevée que celle pour la réaction à 550°C. Le temps de séjour du formaldéhyde formé dans le réacteur étant plus élevé à 550°C, une dégradation thermique du formaldéhyde pourrait avoir lieu et induire une baisse de sa sélectivité.

VI.3.3. Conclusion des études à iso-conversion

Les conditions opératoires des tests utilisées lors des études à iso-conversion ont permis d'obtenir des valeurs de conversion presque identiques pour chaque température de réaction sur les différents catalyseurs. L'utilisation d'un même débit de charge pour tous les tests a diminué au maximum l'effet d'une éventuelle dégradation thermique du formaldéhyde formé sur l'évaluation des performances des catalyseurs. Les sélectivités des catalyseurs ont donc été comparées dans des conditions identiques.

Les catalyseurs V08 et V12 disposent vraisemblablement de sites actifs identiques qui correspondent à des espèces vanadium monomériques. En augmentant la teneur en vanadium dans le catalyseur, se forment d'autres espèces dont l'activation nécessite une température plus élevée et qui sont beaucoup moins sélectives en formaldéhyde. Ces espèces correspondent vraisemblablement à des espèces vanadium non isolées.

VI.4. Etude des performances catalytiques des catalyseurs V16MC2 et V16NP.

Prenant en compte les résultats ci-dessus, nous avons essayé de modifier la méthode de préparation afin d'améliorer l'isolation des espèces vanadium monomériques. Les catalyseurs V16MC2 et V16NP ont ainsi été préparés. Les méthodes de synthèse ont été présentées dans le paragraphe IV.4 et l'étude de leur performance catalytique est présentée dans ce paragraphe.

Les catalyseurs V16MC2 et V16NP ont été testés avec la même charge que celle utilisée pour le test catalytique à iso-conversion à des valeurs de VVH de 9900 et 8250h⁻¹ respectivement. Les performances catalytiques de ces deux catalyseurs comparées à celles de V12 et V16 sont présentées dans le tableau VI.8 et sur la figure VI.7.

Tableau VI. 8 : Résultats des tests catalytiques des catalyseurs V16MC2 et V16NP - Performances comparées à celles V12 et V16.

Catalyseurs	Température de réaction (°C)					
	550	560	570	580	590	600
V16	**1.0** / 81.9 [1]	**1.6** / 77.6	**2.8** / 69.0	**4.7** / 58.3	**7.4** / 47.5	**10.1** / 37.6
V12	**1.1** / 80.1	**1.6** / 76.8	**2.9** / 70.0	**4.7** / 60.8	**7.3** / 50.2	**10.8** / 39.5
V16MC2	**0.6** / 89.0	**1.4** / 73.3	**2.5** / 71.1	**3.8**/ 69.8	**5.4** / 64.0	**7.2** / 54.2
V16NP	**0.4** / 87.9	**0.7** / 85.5	**1.4** / 81.2	**2.5** / 75.2	**3.6** / 69.3	**4.9** / 62.8

[1] *Conversion (%) / Sélectivité en formaldéhyde (%).*

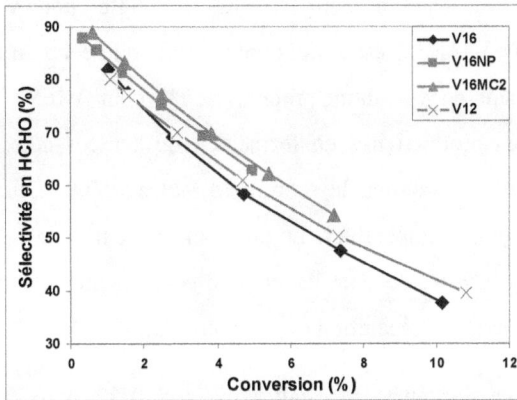

Figure VI. 7 : Comparaison des courbes de sélectivité de V16, V16MC2 et V16NP.

Les catalyseurs V16MC2 et V16NP sont moins actifs que V16 car leurs teneurs en vanadium sont plus faibles (1.98, 0.8 et 2.59% respectivement). Par contre, en négligeant l'influence de la température de réaction sur les performances de catalyseurs, leurs sélectivités sont légèrement supérieures à celle de V12 et bien meilleures que celle de V16 comme le montre la figure VI.7. Les rendements en formaldéhyde sur les catalyseurs V16MC2, V16NP, V16 et V12 sont présentés sur la figure VI.8.

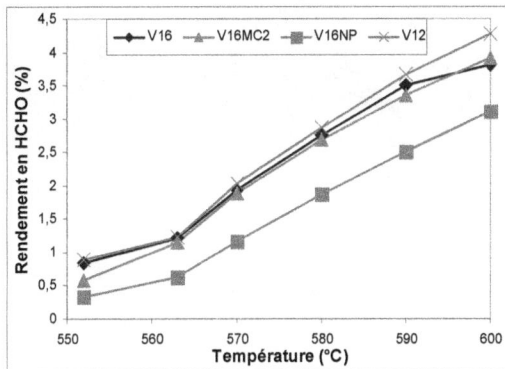

Figure VI. 8 : Rendements en formaldéhyde sur V16, V16MC2, V16NP et V12 en fonction de la température.

Grâce à une meilleure sélectivité, le rendement en formaldéhyde sur V16MC2 se rapproche de celui sur V16 bien que sa conversion soit plus faible. En utilisant une valeur VVH plus élevée (9900 h^{-1} pour V16MC2 et 8684 h^{-1} pour V12), le rendement en formaldéhyde sur V16MC2 est toujours plus faible que celui en formaldéhyde sur V12 qui a une teneur en vanadium proche (1.87% pour V16MC2 et 1.81% pour V12). Toutefois, les productivités en formaldéhyde sur ces deux catalyseurs sont pratiquement les mêmes comme le montre le tableau VI.9. Leurs sélectivités en formaldéhyde sont donc comparables. Le problème majeur de la mise en application du catalyseur V16MC2 réside dans la perte d'environ un tiers de la quantité de vanadium utilisé lors de la préparation de ce catalyseur.

Les performances catalytiques des catalyseurs V08, V12, V16, V20, V16MC2 et V16NP ainsi que leurs conditions opératoires des tests catalytiques sont résumées dans le tableau VI.9. Les catalyseurs préparés selon nos protocoles possèdent non seulement une bonne sélectivité mais également une très bonne productivité en formaldéhyde.

Tableau VI. 9 : Performances catalytiques des catalyseurs V08, V12, V16, V20, V16MC2 et V16NP.

Catalyseurs	%pds V	Si/V	VVH (h^{-1})	GHSV $(l.kg_{cata}^{-1}.h^{-1})$	Temp. (°C)	Conv. (%)	Sélectivité (%) HCHO	CO	CO$_2$	CH3OH	Productivité en HCHO $(g.kg_{cata}^{-1}.h^{-1})$
V08 100 mg 110 mlmin^{-1}	1.27	62.5	6600	66000	550	1.1	81.4	13.0	1.2	4.4	230
					560	1.6	78.4	16.9	0.9	3.9	322
					570	2.8	71.7	24.7	1.0	2.6	515
					580	4.6	62.3	34.8	1.3	1.7	735
					590	7.2	51.3	45.7	2.0	1.0	947
					600	10.6	39.7	56.4	3.0	0.9	1079
V12 76 mg 110 mlmin^{-1}	1.81	42.1	8684	86842	550	1.1	80.1	14.1	1.2	4.6	297
					560	1.6	76.8	18.4	0.9	3.9	414
					570	2.9	70.0	26.6	1.0	2.5	685
					580	4.7	60.8	36.3	1.3	1.6	964
					590	7.3	50.2	46.7	2.0	1.1	1236
					600	10.8	39.5	56.6	3.1	0.8	1439
V16 60 mg 110 mlmin^{-1}	2.32	30.2	11000	110000	550	1.0	81.9	12.8	1.1	4.2	350
					560	1.6	77.6	19.1	0.8	2.5	530
					570	2.8	69.0	28.0	1.0	2.1	825
					580	4.7	58.3	38.6	1.3	1.8	1170
					590	7.4	47.5	49.2	2.0	1.3	1501
					600	10.1	37.6	58.5	3.0	0.9	1622
V20 50 mg 110 mlmin^{-1}	2.78	23.4	13200	132000	550	1.0	80.0	14.7	1.2	4.1	410
					560	1.6	76.8	19.8	0.8	2.6	630
					570	2.8	69.3	27.8	0.9	2.0	995
					580	4.6	58.7	38.8	1.2	1.4	1384
					590	6.9	49.6	50.3	1.8	1.0	1659
					600	10.0	34.4	61.9	3.0	0.7	1764
V16MC2 50 mg 82.5 mlmin^{-1}	1.87	41.6	9900	99000	550	0.6	89.0	6.0	0.0	5.0	205
					560	1.4	83.3	10.8	0.6	5.4	448
					570	2.5	77.1	18.5	0.5	3.9	741
					580	3.8	69.8	26.4	0.8	3.1	1020
					590	5.4	62.1	34.7	1.1	2.0	1289
					600	7.2	54.2	42.7	1.7	1.4	1501
V16NP 60 mg 82.5 mlmin^{-1}	0.8	99.6	8250	82500	550	0.4	87.9	1.5	0.0	10.6	113
					560	0.7	85.5	5.1	0.6	8.9	192
					570	1.4	81.2	12.4	0.7	5.6	364
					580	2.5	75.2	20.0	0.9	3.8	602
					590	3.6	69.3	26.8	1.2	2.7	799
					600	4.9	62.8	33.7	1.5	1.9	986

VI.5. Etude de stabilité des catalyseurs

Les tests catalytiques reportés dans les paragraphes précédents ont été effectués sur des durées allant de 4 à 8 heures après stabilisation. Bien que les performances des catalyseurs apparaissent stables sur ces périodes, il était important de suivre leur comportement sur des durées plus longues. Ceci a fait l'objet de l'étude présentée dans ce paragraphe. La charge utilisée lors des tests contient de la vapeur d'eau dont l'effet sur les performances catalytiques est très important et sera discuté dans le chapitre suivant. Cependant, la présence d'eau pourrait conduire à la perte progressive de la porosité du matériau mésoporeux comme cela a été observé à basse température [1]. Il était donc nécessaire d'examiner l'évolution de la performance du catalyseur en fonction du temps de travail et de la pression partielle en vapeur d'eau.

VI.5.1. Evolution de la performance du catalyseur en fonction du temps d'activité

L'étude portant sur la stabilité des catalyseurs au cours du temps a été réalisée à 580 et 590°C sur les catalyseurs V12 et V20 qui ont des teneurs en vanadium de 1.81% et 2.78% respectivement. Nous avons utilisé les mêmes valeurs de VVH que celles des études à iso-conversion à savoir 8684 et 13200 h^{-1} pour V12 et V20 respectivement. La charge de la réaction était constituée en mol de 30% de CH_4, 10% de O_2, 30% de H_2O et 30% de N_2. La réaction a été conduite à 580°C pendant 27 heures, puis la température de réaction a été montée à 590°C en 10 min et maintenue à cette température jusqu'à un temps final de 50 heures. Les valeurs de conversion et de rendement ont été mesurées toutes les 45 minutes.

L'évolution des conversions et des rendements obtenus en fonction du temps est présentée sur la figure VI.9.

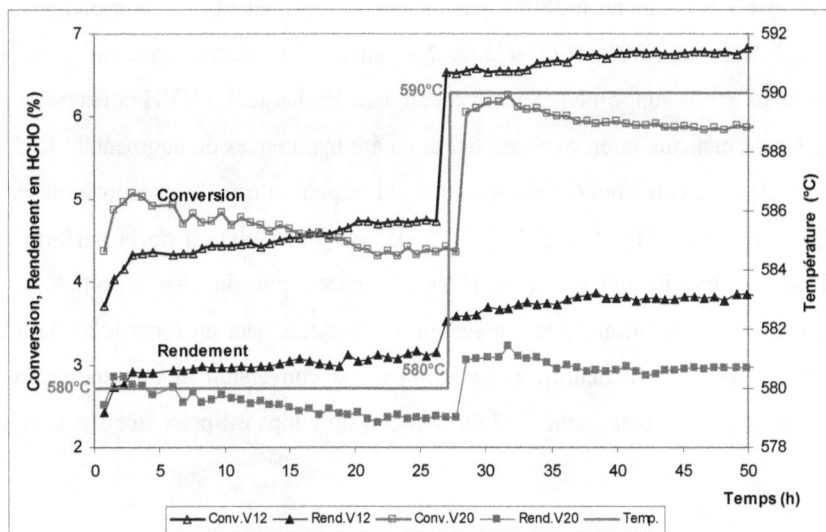

Figure VI. 9 : Evolution des conversions et des rendements en fonction du temps sur les catalyseurs V12 et V20.

Pour chaque température étudiée, les catalyseurs ont besoin de 2 à 8 heures pour atteindre une activité stable au début du test ou lors d'un changement de température de réaction. Une perte de cristallinité et une diminution de la surface spécifique des catalyseurs pourraient engendrer une baisse de l'activité des catalyseurs. C'est le cas du catalyseur V20 pour lequel on observe une diminution continuelle de la conversion et du rendement avant de se stabiliser. Par contre, la conversion et le rendement sur le catalyseur V12 augmentent régulièrement jusqu'à des valeurs stables. Bien qu'ayant des comportements différents en fonction du temps de travail, les deux catalyseurs étudiés présentent des performances relativement stables après quelques heures d'activité.

VI.5.2. Vapeur d'eau et stabilité du catalyseur

Dans ce paragraphe, nous étudions l'effet de la vapeur d'eau dans la charge sur la stabilité du catalyseur. Le catalyseur V12 a été utilisé pour cette étude. La masse de catalyseur chargé dans le réacteur était de 62 mg. Le débit de l'alimentation était de 82.5 ml.min^{-1}, ce qui correspond à une VVH de 8000 h^{-1}. Dans un premier temps, le catalyseur a été maintenu à 580°C par balayage d'un mélange gazeux composé de 11% O_2, 27% CH_4, 30% H_2O et 32% N_2 pendant 24 heures. Dans un deuxième temps, nous avons supprimé la vapeur d'eau dans la charge. La VVH et les pressions partielles en méthane et en oxygène ont alors été maintenues en augmentant le débit d'azote. Après avoir coupé l'alimentation en vapeur d'eau, la composition de la charge était donc : 11% O_2, 27% CH_4 et 62% N_2. L'évolution de la performance catalytique a ensuite été suivie pendant 21 heures, puis la charge initiale a été réintroduite et l'évolution de la conversion et du rendement en formaldéhyde a été enregistrée pendant 48 heures. L'évolution de la conversion et du rendement en formaldéhyde sur le catalyseur V12 en fonction du temps est présentée sur la figure VI.10.

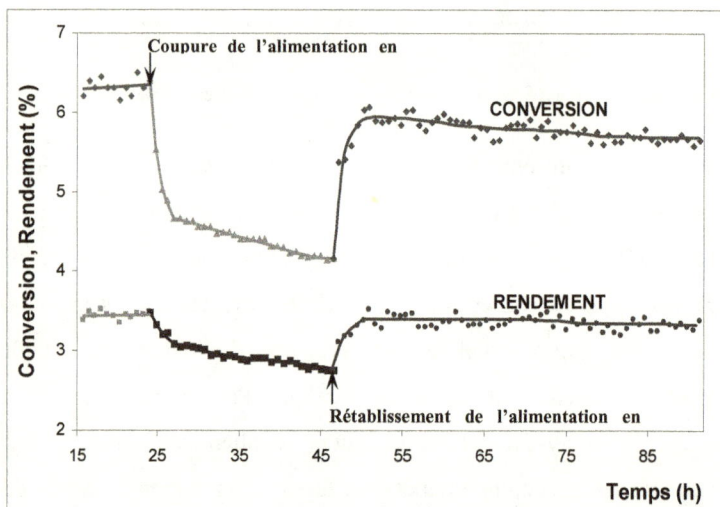

Figure VI. 10 : Effet de l'ajout de vapeur d'eau à la charge sur la stabilité du catalyseur V12.

Dès que la vapeur d'eau présente dans l'alimentation a été coupée, la conversion et le rendement sur le catalyseur V12 ont chuté pendant 3 heures de manière importante. Ensuite, l'activité du catalyseur continue à diminuer régulièrement en fonction du temps de réaction comme le montre la figure VI.10. Il semble qu'une stabilisation apparaisse après 21 heures de test. La réintroduction dans la charge de 30% de vapeur d'eau a permis de rétablir une conversion et un rendement élevés. Néanmoins, la

126

conversion et le rendement n'ont pas retrouvé leurs valeurs initiales même après stabilisation. L'effet de la vapeur d'eau sur les performances catalytiques a également été étudié dans la littérature sur des catalyseurs V/MCM-41 [2] qui sont relativement proches. Le même effet sur l'activité a été obtenu. Par contre, aucune donnée n'a été publiée concernant l'effet de l'eau sur la stabilité des catalyseurs.

VI.5.3. Conclusion des études de stabilité des catalyseurs

Nous avons observé que, pour tous les catalyseurs, un certain temps était nécessaire pour atteindre une stabilité des performances catalytiques. Pendant ce temps, la conversion du méthane augmente fortement alors que la sélectivité ne varie que du fait de cette augmentation. Nous avons également montré que la teneur en vanadium avait un effet sur la stabilité du catalyseur. En effet, les performances catalytiques diminuent régulièrement pour atteindre des valeurs stables quand la teneur en vanadium dans le catalyseur est élevée (V20) mais sont très stables quand cette teneur est faible (V12).

La présence de vapeur d'eau dans la charge n'apporte pas seulement un effet positif sur l'activité du catalyseur mais est indispensable à sa stabilité. Sans ajout de vapeur d'eau, le catalyseur n'est pas stable et se désactive de façon irréversible. Ce dernier phénomène pourrait être lié au cokage des catalyseurs.

VI.6. Références bibliographiques

[1]   S. Wang, D. Wu, Y. Sun, B. Zhong, *Mat. Res. Bull.*, 36 (2001) 1717

[2]   H. Berndt, A. Martin, A. Brückner, E. Schreier, D. Müller, H. Kosslick, G. U. Wolf, B. Lücke, *J. Catal.*, 191 (2000) 384.

CHAPITRE VII : ETUDES CINETIQUES

Afin de proposer un schéma réactionnel expliquant la formation des différents produits et permettant de prévoir les effets de variation de certaines caractéristiques de la charge, nous avons effectué un certain nombre d'études cinétiques. Dans ce chapitre, nous présentons les résultats d'études de la dégradation des produits de la réaction ainsi que ceux de l'influence de paramètres comme la teneur en méthane, en oxygène ou en vapeur d'eau dans la charge.

VII.1. Etudes de dégradation dans le réacteur

VII.1.1. Dégradation thermique du méthanol

Cette étude a été effectuée sur le dispositif utilisé pour les tests d'oxydation ménagée du méthane en formaldéhyde. Un débit de charge de 82.5 ml.min^{-1} a été utilisé. Le méthanol est introduit en utilisant un saturateur maintenu à 25°C sous balayage d'azote. Le fluide à la sortie du saturateur a été mélangé avec de l'oxygène. La composition de la charge et les résultats de la dégradation du méthanol dans le réacteur en quartz sans catalyseur analysés par chromatographie en phase gazeuse sont présentés dans le tableau VII.1.

Les résultats obtenus montre que la dégradation du méthanol conduit à la formation de formaldéhyde et de CO jusqu'à 580°C, alors qu'à plus haute température, elle conduit pratiquement qu'à celle de CO_2. A partir des données obtenues, nous avons calculé les énergies apparentes d'activation (E*) pour la formation du formaldéhyde, du CO et pour la conversion du méthanol entre 550 - 580°C.

Tableau VII. 1 : Composition de la charge et des produits de la dégradation du méthanol.

Température (°C)		O_2	N_2	CO	CO_2	HCHO	H_2O	CH_3OH
	Charge	31.97	58.57					9.56
552		31.82	58.12	0.01	0.00	0.46	0.48	9.11
562		31.61	58.07	0.07	0.01	0.69	0.78	8.77
572		31.12	58.23	0.29	0.01	1.03	1.44	7.87
582		29.64	57.57	1.08	0.04	1.54	3.69	6.45
592		17.81	57.63	0.23	9.47	0.03	14.72	0.12

Les droites d'Arrhenius et les valeurs des énergies d'activation apparentes correspondantes sont présentées sur la figure VII.1.

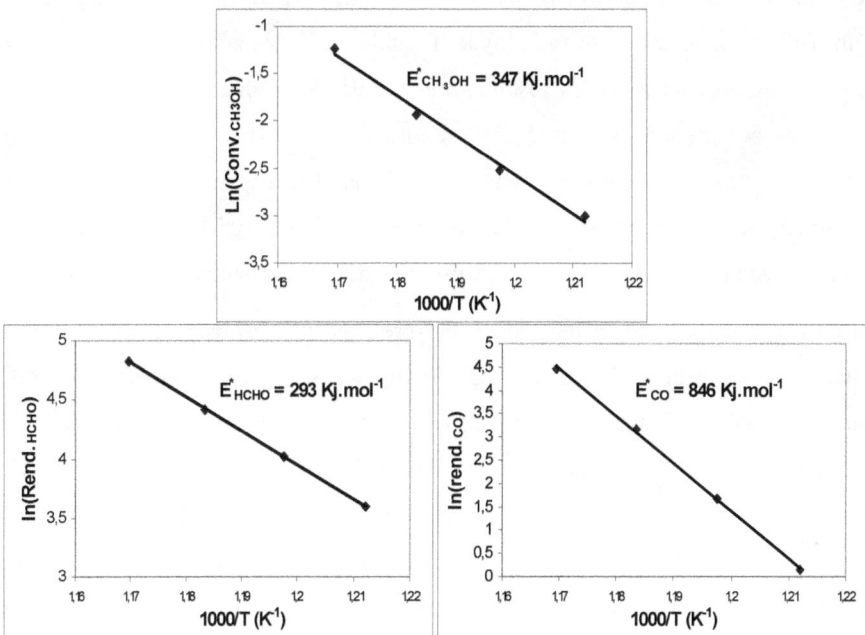

Figure VII. 1: Droites d'Arrhenius correspondant à la conversion du méthanol (a) et à la formation du formaldéhyde (b) et de CO (c) lors de la dégradation thermique du méthanol en phase gazeuse.

La valeur anormalement élevée de l'énergie d'activation apparente correspondant à la formation du monoxyde de carbone (846 kJ.mol^{-1}) et les valeurs proches des énergies d'activation apparentes de conversion du méthanol et de formation du formaldéhyde tendent à montrer qu'en dessous de 580°C, le produit direct de la dégradation du méthanol est le formaldéhyde alors que le monoxyde de carbone est formé à partir du formaldéhyde. Ceci expliquerait pourquoi la formation de monoxyde de carbone est d'autant plus importante que la teneur en formaldéhyde augmente. Ces arguments nous permettent de proposer un schéma réactionnel de la dégradation thermique du méthanol à une température inférieure à 580°C comme suit :

$$CH_3OH \longrightarrow HCHO \longrightarrow CO \longrightarrow CO_2 \qquad (1)$$

VII.1.2. Dégradation thermique d'un mélange méthanol - formaldéhyde

Le formaldéhyde ne pouvant être obtenu à l'état pur, nous avons étudié la dégradation d'un mélange méthanol – formaldéhyde. L'étude de la dégradation thermique de ce mélange en relation avec les résultats de l'étude de la dégradation du méthanol permet de comprendre la dégradation du formaldéhyde dans la phase gazeuse. En fait, dans nos conditions de test catalytique, la dégradation thermique du formaldéhyde formé est inévitable en aval du lit catalytique. La quantité de formaldéhyde brûlé en CO pourrait être estimée grâce aux résultats de ce paragraphe.

La charge utilisée pour cette étude a été préparée par balayage d'azote dans un saturateur maintenu à 25°C et rempli d'une solution de formaldéhyde à 40% stabilisée par 10% de méthanol. L'introduction de l'oxygène dans le mélange est faite au niveau de l'entrée du réacteur. Le débit de l'alimentation est maintenu à 82.5 ml.min^{-1}. La dégradation thermique de ce mélange a été étudiée dans un réacteur en quartz. La composition de la charge et les résultats de la dégradation du méthanol dans le réacteur sont présentés dans le tableau VII.2.

Pour calculer l'énergie d'activation apparente correspondant à la conversion du formaldéhyde, nous avons, en considérant que la dégradation thermique du méthanol suit le schéma réactionnel (1), estimé que la conversion du formaldéhyde à chaque température était la somme de la conversion du formaldéhyde disponible dans la charge et celle du formaldéhyde formé par dégradation du méthanol.

Tableau VII. 2: Composition de la charge et des produits de la dégradation du mélange formaldéhyde – méthanol.

Temp. (°C)		O_2	N_2	CO	CO_2	HCHO	H_2O	CH_3OH
	Charge	35.92	62.12			0.250	1.530	0.180
552		35.91	62.11	0.010	0.000	*0.239*	1.548	*0.177*
560		35.95	62.07	0.015	0.000	*0.238*	1.549	*0.176*
569		35.78	62.23	0.030	0.000	*0.228*	1.568	*0.172*
580		35.53	62.43	0.062	0.001	*0.204*	1.609	*0.164*
590		35.49	62.42	0.102	0.002	0.168	1.657	0.158
600		35.50	62.38	0.126	0.003	0.153	1.691	0.148
610		35.51	62.28	0.189	0.005	0.114	1.782	0.122
619		35.40	62.25	0.269	0.011	0.074	1.915	0.075
629		35.38	62.17	0.330	0.018	0.039	2.016	0.043
639		35.34	62.15	0.362	0.029	0.016	2.078	0.023

La conversion du formaldéhyde, entre 550 et 580°C, peut être calculée à partir de la quantité de CO formé, la dégradation thermique du formaldéhyde ne produisant que du monoxyde de carbone. Les calculs des énergies d'activation apparentes dans la plage de température allant de 550 à 580°C en utilisant les droites d'Arrhenius présentées dans la figure VII.2 donnent alors :

$$E^*_{CH3OH} = 365 \text{ kJ.mol}^{-1}$$
$$E^*_{HCHO} = 370 \text{ kJ.mol}^{-1}$$
$$E^*_{CO} = 386 \text{ kJ.mol}^{-1}$$

Dans cet intervalle de température, la teneur en formaldéhyde est stable et la conversion du méthanol est faible, les valeurs des énergies d'activation calculées pour la conversion du formaldéhyde, du méthanol et pour la formation du CO sont donc fiables. Elles sont proches l'une de l'autre et correspondent à l'énergie de liaison C-H du formaldéhyde (364 kJ.mol^{-1}) [1]. L'énergie d'activation de formation de CO est comparable à celle de conversion du formaldéhyde, ce qui n'était pas le cas dans l'étude de dégradation du méthanol (843 kJ.mol^{-1}). Ceci nous permet de confirmer que dans cette étude, le monoxyde de carbone est principalement formé par dégradation du formaldéhyde.

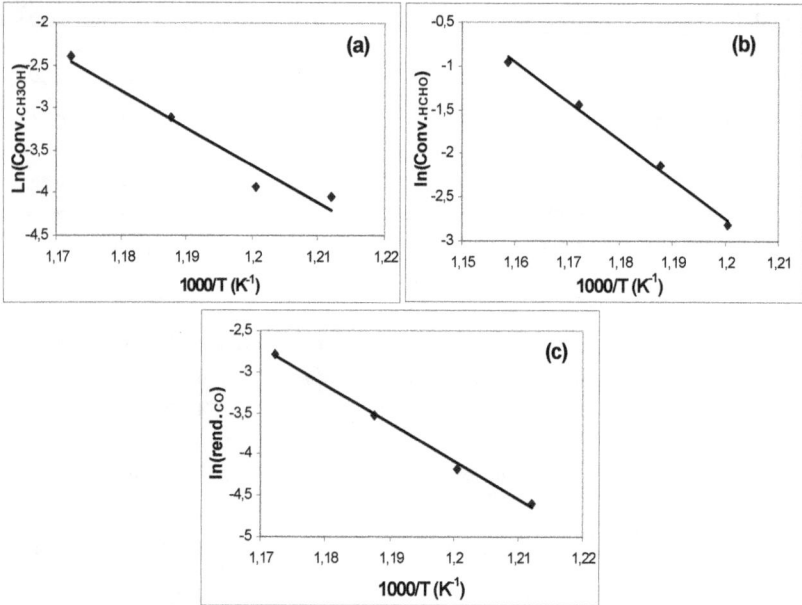

Figure VII. 2 : Droites d'Arrhenius de conversion du méthanol (a), du formaldéhyde (b) et de formation du CO (c).

Nous avons calculé le degré de dégradation du formaldéhyde dans la phase gazeuse en fonction de la température dans les conditions opératoires citées ci-dessus. Les résultats présentés dans le tableau VII.3 peuvent être utilisés pour estimer la dégradation du formaldéhyde lors du changement du débit de la charge (la dégradation étant inversement proportionnel au débit de charge).

Tableau VII. 3: Conversion du formaldéhyde dans la phase gazeuse en fonction de la température pour un débit de charge de 82.5ml.min^{-1}.

Temp. (°C)	552	560	569	580	590	600	610	619	629	639
Conv.$_{HCHO}$ (%)	4.2	4.5	8.7	17.7	28.8	34.4	47.2	59.3	67.5	72.1

La dégradation du formaldéhyde en aval du lit catalytique est inévitable pour le débit utilisé. Nous pouvons distinguer le CO formé sur le catalyseur ($[CO]_{catalytique}$) et dans la phase gazeuse par dégradation du formaldéhyde lors de la conversion du méthane ($[CO]_{\phi.gazeuse}$). La répartition des concentrations des deux types de CO dans le cas du test catalytique de V12 est présentée dans le tableau VII.4 :

Tableau VII. 4 : Répartition des produits principaux lors du test catalytique de V12 pour l'oxydation du méthane.

Temp. (°C)	553	563	570	581	591	600
$[HCHO]_{produit}$ [*]	0.251	0.434	0.608	0.853	1.103	1.301
$[CO]_{total\ produit}$ [*]	0.055	0.148	0.241	0.530	1.019	2.090
$[CO]_{catalytique}$ [*]	0.050	0.138	0.213	0.447	0.833	1.820
$[CO]_{\phi.gazeuse}$ [*]	0.005	0.010	0.028	0.083	0.186	0.270

[*] Les concentrations sont exprimées en % molaire.

La dégradation du HCHO en CO dans la phase gazeuse en aval du lit catalytique pourrait être évitée si les produits de la réaction catalytique étaient immédiatement récupérés en aval du lit catalytique (par une trempe) ou si la réaction catalytique était conduite sans oxygène dans la phase gazeuse. Dans ce cas, on peut calculer les sélectivités théoriques vers lesquelles on pourrait tendre en supposant qu'il n'y a pas de dégradation du HCHO en phase gazeuse. Le tableau VII.5 et la figure VII.3 présentent ces sélectivités théoriques sur le catalyseur V12 en fonction de la température.

Tableau VII. 5: Comparaison des sélectivités expérimentales et théoriques, calculées en considérant qu'il n'y a pas de dégradation du formaldéhyde formé.

Température (°C)	553	563	570	581	591	600
Conversion expérimentale (%)	1.1	2.0	3.0	4.9	7.4	11.4
Sélectivité expérimentale (%)	81.2	73.6	69.0	60.0	50.6	38.1
Sélectivité théorique (%)	*83.0*	*75.3*	*72.2*	*65.8*	*59.1*	*46.0*

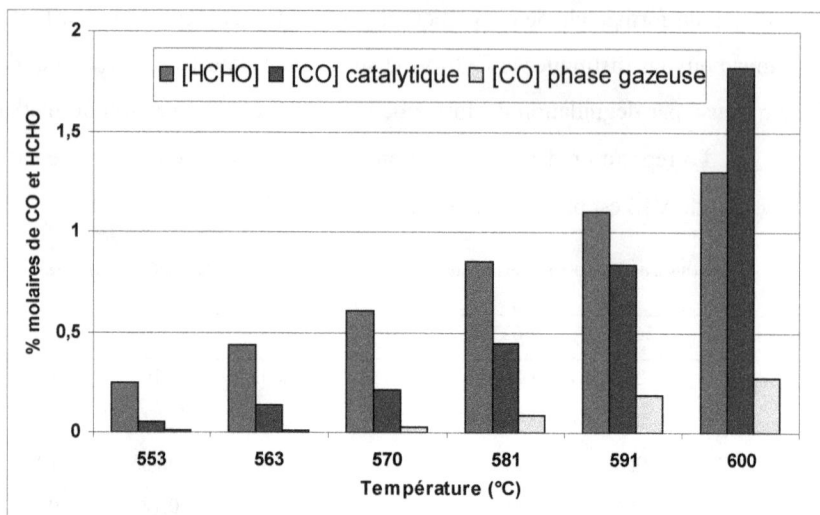

Figure VII. 3: Concentrations du formaldéhyde et des deux types de CO formés lors du test catalytique de V12 en sortie de test exprimées en % molaire.

VII.1.3. Dégradation du mélange réactionnel dans le réacteur vide

La dégradation du mélange réactionnel dans un réacteur a été étudiée. Le mélange réactionnel choisi est le mélange standard constitué de 30% de CH_4, 10% de O_2, 30% de H_2O et 30% de N_2 avec des débits de 82.5 et 110 ml.min^{-1}. Aucun produit de réaction n'a été détecté par chromatographie quand la température s'élève de 550 à 640°C. L'oxydation du méthane dans la phase gazeuse est donc négligeable dans l'intervalle de température étudié. La conversion du méthane n'a lieu que sur le catalyseur.

VII.2. Etudes de différents paramètres cinétiques

VII.2.1. Energies d'activation

Les énergies d'activation correspondant à la conversion du méthane et à la formation du formaldéhyde et du monoxyde de carbone ont été calculées. La quantité de méthanol formée est trop faible pour pouvoir calculer des valeurs fiables d'énergie d'activation apparente. Ces énergies d'activation apparentes ont été calculées sur les catalyseurs V08, V12, V16 et V20 à partir des résultats des tests à iso-conversion présentés dans le tableau VI.9 du chapitre VI. La figure VII.4 présente les droites d'Arrhenius tracées pour le catalyseur V12.

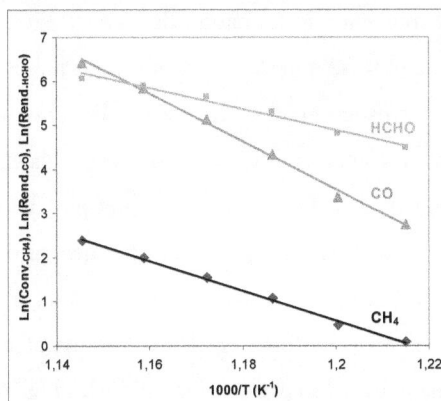

Figure VII. 4: Droites d'Arrhenius correspondant à la conversion du méthane et à la formation du formaldéhyde et du CO sur le catalyseur V12 testé dans les conditions standards.

Le tableau VII.6 regroupe les résultats obtenus. Les valeurs des énergies d'activation calculées pour les catalyseurs de V08 – V20 sont très proches les unes des autres. L'activation du méthane sur ces catalyseurs se fait de façon similaire dans les conditions opératoires choisies. Il semble donc qu'il n'y a pas de différences considérables entre les sites actifs sur ces catalyseurs. L'activation du méthane sur le catalyseur nécessite une énergie de 280 kJ.mol^{-1}, nettement inférieure à l'énergie de liaison   C-H du méthane (438 kJ.mol^{-1}) [1]. En outre, l'énergie d'activation de

135

formation du formaldéhyde sur nos catalyseurs est inférieure à celles calculées pour d'autres catalyseurs de type V/SiO_2 préparés par imprégnation [2, 3].

Tableau VII. 6 : Energies d'activation apparentes (E^*) pour la conversion du méthane et la formation du formaldéhyde et du monoxyde de carbone sur les catalyseurs V08 – V20.

Catalyseur	V08	V12	V16	V20
$E^*_{CH_4}$ (kJ.mol^{-1})	279	281	285	280
E^*_{HCHO} (kJ.mol^{-1})	194	197	191	180
E^*_{CO} (kJ.mol^{-1})	461	453	456	456

L'énergie d'activation apparente de formation du CO est plus élevée que celle de la liaison C-H du méthane (438 kJ.mol^{-1}). Le CO n'est pas un produit de la conversion catalytique directe du méthane sur nos catalyseurs. De plus, les résultats de test à blanc ont montré que le mélange réactionnel reste inactif dans le réacteur en quartz jusqu'à 640°C. La formation du CO ne peut pas non plus avoir lieu dans la phase gazeuse à partir du méthane. Ces arguments nous permettent de conclure que le CO formé au cours de la réaction provient essentiellement de l'oxydation du formaldéhyde sur le catalyseur. La formation du CO est d'autant plus importante que la formation du formaldéhyde augmente lorsqu'on augmente la température de réaction. Le CO peut se former également, mais en plus faible quantité, à partir de la dégradation thermique du HCHO dans la phase gazeuse en aval du lit catalytique (voir paragraphe VII.1.2). Les énergies d'activation apparentes de formation du CO dans le tableau VII.6 ne peuvent pas correspondre à la formation de CO par conversion directe du méthane.

Nous proposons donc le schéma réactionnel suivant comme schéma réactionnel principal de la conversion du méthane sur nos catalyseurs comme suit :

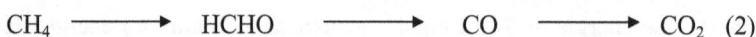

$$CH_4 \longrightarrow HCHO \longrightarrow CO \longrightarrow CO_2 \quad (2)$$

Des recherches sur l'oxydation ménagée du méthane sur d'autres catalyseurs ont proposé des schémas réactionnels identiques [3].

Le formaldéhyde est ainsi le premier produit de la conversion du méthane sur nos catalyseurs. Le CO est formé à partir du formaldéhyde par des réactions secondaires sur le catalyseur ou par dégradation thermique dans la phase gazeuse.

VII.2.2. Etude de différents paramètres réactionnels

VII.2.2.1. Influence des pressions partielles de méthane, d'oxygène et de vapeur d'eau

L'étude de l'influence de la teneur du méthane, oxygène et vapeur d'eau a été réalisée à 580°C sur le catalyseur V12. La charge initiale pour ces tests catalytiques était constituée de 30% de CH_4, 10% de O_2, 30% de H_2O et 30% de N_2 avec un débit de 82.5 ml.min^{-1}. La masse de catalyseur chargée dans le réacteur était de 60 mg ce qui donne une VVH de 8250 h^{-1}. Le catalyseur a été stabilisé à 580°C pendant 24 heures sous balayage du mélange initial. Le changement de la teneur d'un des composants a été effectué en n'affectant ni les teneurs des autres composants ni le débit total de la charge mais en ajustant le débit d'azote.

Pendant cette étude, nous n'avons pas observé de changement significatif de la nature des produits obtenus. Des traces d'éthane et d'éthylène sont apparues néanmoins quand la teneur en méthane était supérieure ou égale à 45% molaire. La formation de méthanol a légèrement augmenté avec la teneur en vapeur d'eau dans la charge. Les évolutions de la conversion et du rendement en formaldéhyde ainsi que la production du formaldéhyde sur le catalyseur V12 à 580°C en fonction de la teneur en méthane, oxygène et vapeur d'eau sont présentées respectivement sur les figures VII.5, VII.6 et VII.7.

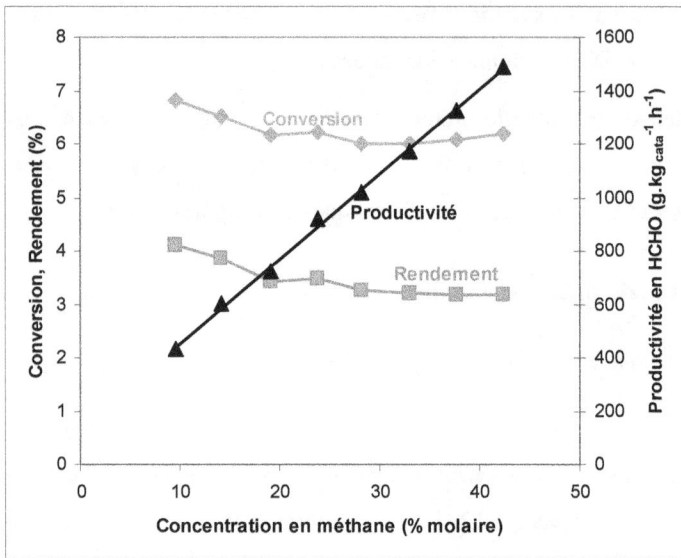

Figure VII. 5 : Performances catalytiques du V12 en fonction de la concentration du méthane.

La diminution légère de la conversion et par conséquence du rendement en formaldéhyde quand la concentration en méthane augmente (figure VII.5) ainsi que l'apparition des traces d'éthane et d'éthylène à haute teneur en méthane peut être expliquées par l'adsorption insuffisante de l'oxygène sur le catalyseur. En effet, dans les conditions riches en méthane, l'adsorption dissociative de l'oxygène est un facteur important pour l'activation du méthane sur le catalyseur. L'augmentation linéaire de la production en formaldéhyde en fonction de la teneur en méthane montre qu'il n'y a pas de changement important de la sélectivité dans l'intervalle de teneur en méthane étudié (entre 10 et 45% molaire).

Les performances catalytiques du catalyseur V12 en fonction de la teneur en oxygène dans la charge sont présentées sur la figure VII.6.

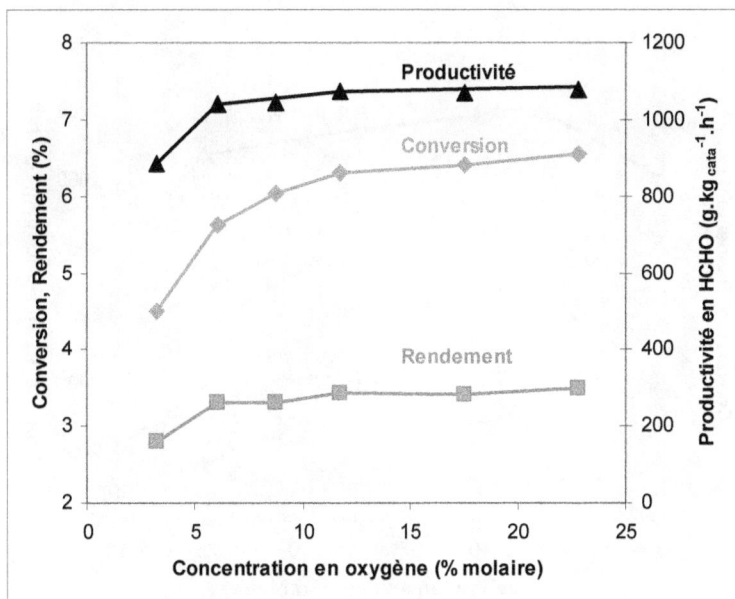

Figure VII. 6 : Performances catalytiques du catalyseur V12 en fonction de la concentration de l'oxygène.

La conversion du méthane augmente fortement en fonction de la teneur en oxygène entre 2.5 et 10%. La teneur en oxygène a donc une influence considérable sur la conversion du méthane. A haute teneur en oxygène, cet effet devient de moins en moins important et la conversion du méthane et, par conséquence, le rendement en formaldéhyde sont pratiquement stabilisés au-delà de 15% d'O_2 environ.

La vapeur d'eau a un effet sur la conversion du méthane et on observe un maximum pour une concentration en vapeur d'eau d'environ 10% dans la charge (figure VII.7). La baisse de la conversion à haute teneur en eau peut s'expliquer par l'adsorption concurrentielle de l'eau et du méthane sur les sites catalytiques.

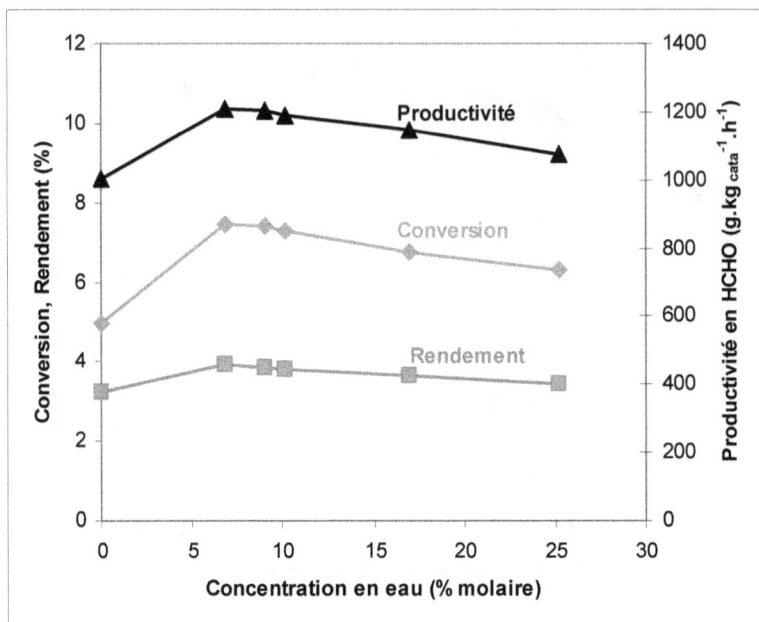

Figure VII. 7 : Performances catalytiquse du catalyseur V12 en fonction de la concentration de l'eau.

La vapeur d'eau dans la charge peut activer le catalyseur et améliorer la sélectivité en méthanol. La teneur optimale en vapeur d'eau dans la charge est de l'ordre 10%.

La vapeur d'eau dans la charge a également un effet positif sur la sélectivité en méthanol comme le montrent les résultats regroupés dans le tableau VII.7

Tableau VII. 7 : Sélectivité en méthanol en fonction de la teneur en eau sur le catalyseur V12.

Teneur en eau (% mol)	0	7	9	10	17	25
Sélectivité en CH$_3$OH (%)	0.4	0.9	1.0	1.1	1.4	1.8

VII.2.2.2. Calcul des ordres de réaction des réactifs

En utilisant le schéma réactionnel (2) du paragraphe VII.2.1 pour l'oxydation ménagé du méthane sur le catalyseur V12, nous pouvons proposer l'équation de vitesse suivante pour la transformation du méthane :

$$-rCH_4 = K[CH_4]^x[O_2]^y \qquad (3)$$

A partir des résultats des tests catalytiques de l'étude de l'influence des pressions partielles de méthane et d'oxygène, nous avons calculé les paramètres cinétiques x, y et K dans l'équation (3) pour la conversion du méthane sur le catalyseur V12. Nous avons tracé les droites exprimant les relations entre $\ln(rCH_4)$ et $\ln[CH_4]$ et entre $\ln(rCH_4)$ et $\ln[O_2]$ qui permettent de calculer les ordres de réaction du méthane et de l'oxygène (figure VII.8).

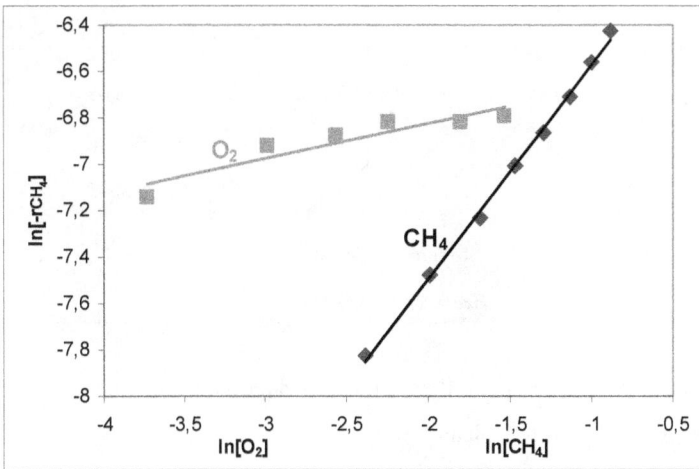

Figure VII. 8 : Variation de $\ln[-r_{CH_4}]$ en fonction de $\ln[CH_4]$ et $\ln[O_2]$.

Les ordres de réactions par rapport au méthane (x) et à l'oxygène (y) sont respectivement égaux à 0.92 et 0.15. La détermination de ces ordres nous permet de calculer la constante de vitesse K. Elle est obtenue en moyennant les valeurs calculées lors de tous les tests. Le tableau VII.8 regroupe les valeurs K calculées ainsi que leur moyenne et l'écart type correspondant.

Tableau VII. 8 : Constantes de vitesse *K* calculés à partir des résultats des études sur l'influence de la pression partielle d'oxygène (tests 1-6) et sur l'influence de la pression partielle de méthane (tests 1-14).

Test N°	Changement de la teneur en O_2 $K.10^{-3}$ (mol.g$_{cata}^{-1}$.min^{-1})	Test N°	Changement de la teneur en CH_4 $K.10^{-3}$ (mol.g$_{cata}^{-1}$.min^{-1})
1	4,8766	7	5,0770
2	5,3642	8	4,9987
3	5,2552	9	4,8603
4	5,3253	10	4,9996
5	5,0389	11	4,9092
6	4,9360	12	4,9897
		13	5,1336
		14	5,3005

Moyenne   5.07605

Ecart type   0.17216

Les paramètres cinétiques pour l'oxydation ménagée du méthane sur le catalyseur V12 sont regroupés dans le tableau VII.9.

Tableau VII. 9 : Paramètres cinétiques pour l'oxydation ménagée du méthane sur le catalyseur V12 à 580°C.

Réaction	$CH_4 + O_2$
Ordre par rapport à CH_4 (*x*)	0.9242
Ordre par rapport à O_2 (*y*)	0.1514
Constante de vitesse $K.10^{-3}$ (mol.g$_{cata}^{-1}$.min^{-1})	5.1 +/- 0.2
Energie d'activation de transformation du méthane (kJ.mol^{-1})	281
Energie d'activation de formation du formaldéhyde (kJ.mol^{-1})	197
Teneur en eau dans la charge (% molaire)	30

VII.2.2.3. Modélisation de la formation en formaldéhyde en fonction de la teneur en oxygène

En considérant que la réaction se déroule dans des conditions riches en méthane pour des études sur l'effet de la teneur en oxygène, nous pouvons proposer que le mécanisme de formation du formaldéhyde soit un mécanisme de type Langmuir-Hinshelwood avec :

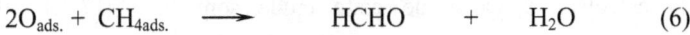

$$O_2(g) \rightleftharpoons 2O_{ads.} \qquad (4)$$

$$CH_4(g) \rightleftharpoons CH_{4ads.} \qquad (5)$$

$$2O_{ads.} + CH_{4ads.} \longrightarrow HCHO + H_2O \qquad (6)$$

La vitesse de formation de formaldéhyde peut donc s'écrire :

$$R_{HCHO} = K_R\theta_O\theta_{CH4} \qquad (7)$$

Avec K_R : la constante de la réaction et θ_O, θ_{CH4} les proportions θ de surface couverte par les deux espèces. On a :

$$\theta_{CH4} = a[P_{CH4}] \qquad (8)$$

L'adsorption d'une molécule d'oxygène nécessite deux sites libres. En considérant un taux d'occupation des sites d'adsorption de l'oxygène aléatoire, leur probabilité d'occurrence est égale à $(1-\theta)^2$. Ceci conduit à :

$$\theta_O = bP_{O2}^{0.5}/(1+ bP_{O2}^{0.5}) \qquad (9)$$

et donc en regroupant les constantes ($K = b$, $k = K_Rab$), on peut donner une formule de l'équation de vitesse de formation de formaldéhyde :

$$R_{HCHO} = kP_{CH4}P_{O2}^{0.5}/(1+KP_{O2}^{0.5}) \qquad (10)$$

Où : k et K sont des constantes, P_{CH4} et P_{O2} sont des pressions partielles du méthane et de l'oxygène.

Une équation similaire a déjà été proposée par Sexton et al [3].

Cette équation se transforme en :

$$1/R_{HCHO} = 1/(kP_{CH4})*1/P_{O2}^{0.5} \quad + \quad K/(kP_{CH4}) \quad (11)$$

La relation entre $1/R_{HCHO}$ et $1/P_{O2}^{0.5}$ est présentée sur la figure VII.9. A part les deux points expérimentaux se trouvant un peu loin de la droite de tendance, nous observons une corrélation linéaire entre $1/R_{HCHO}$ et $1/P_{O2}$. Les valeurs de k et K de l'équation (11) calculées à partir de cette étude sont 0.002917 et 20.5497 respectivement. L'équation (11) prend alors la forme suivante :

$$R_{HCHO} = 0.002917P_{CH4}P_{O2}^{0.5}/(1+20.5497P_{O2}^{0.5}) \quad (12)$$

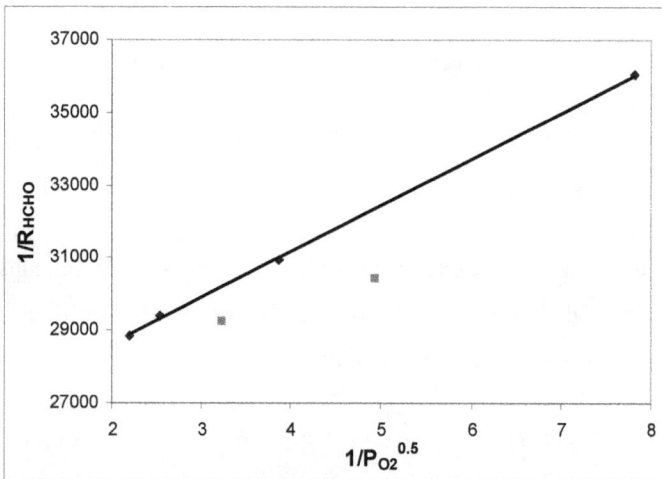

Figure VII. 9 : Relation entre $1/R_{HCHO}$ en fonction de $1/P_{O2}^{0.5}$

L'équation (12) nous permet de calculer la vitesse de formation en formaldéhyde en fonction de la teneur en méthane et en oxygène. La comparaison des vitesses calculées par l'équation (12) et expérimentales est présentée sur la figure VII.10.

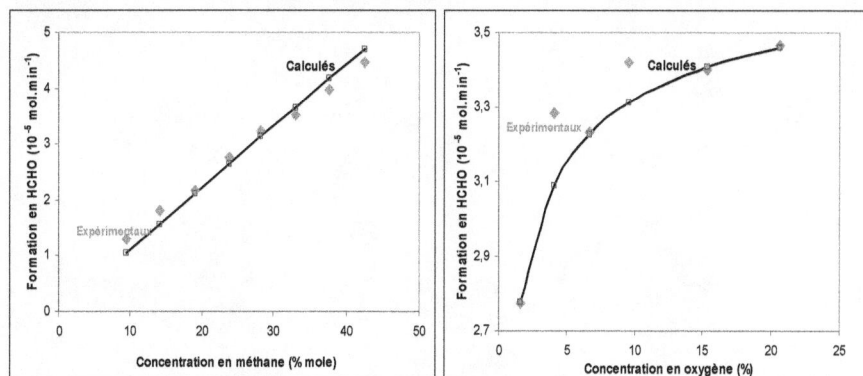

Figure VII. 10: Comparaison des variations des vitesses de formation du formaldéhyde en fonction de la concentration en méthane et en oxygène. Expérimentales (losanges) et calculées (éq. 12) (Trait plein et carrés).

En utilisant les valeurs k et K déduites à partir de l'étude sur le changement de teneur en oxygène, nous avons calculé la formation en formaldéhyde dans le cas de changement de teneur en méthane. Dans ce cas, nous n'observons pas des écarts considérables entre des formations expérimentales en formaldéhyde et celles calculées. Ces observations pourraient ouvrir une perspective pour modéliser la formation en formaldéhyde sur nos catalyseurs.

VII.3. Références bibliographiques

[1]   R. L. McCormick, M. B. Al-Sahali, G. O. Alptekin, *Appl. Catal. A*, 226 (2002) 129.

[2]   H. Berndt, A. Martin, A. Brückner, E. Schreier, D. Müller, H. Kosslick, G.-U. Wolf, B. Lücke, *J. Catal.,* 191 (2000) 348

[3]   A. W. Sexton, B. K. Hodnett, 3rd World Congress on Oxydation Catalysis, R. K. Grasselli, S. T. Oyama, A. M. Gaffney and J. H. Lyons (Editors), 1997 Elsevier Science B. V. p. 1129.

CHAPITRE VIII : CARACTERISATION D'ESPECES ADSORBEES SUR LE CATALYSEUR V12 PAR SPECTROSCOPIE INFRAROUGE

Ce chapitre présente les résultats d'une étude qui a permis de mettre en évidence des espèces adsorbées sur le catalyseur lorsqu'il est traité sous mélange réactionnel. L'effet de l'ajout d'eau dans la charge a été également étudié.

VIII.1. Caractérisation du catalyseur V12 sous mélange $N_2/CH_4/O_2$

Nous avons essayé de caractériser par spectroscopie infrarouge des catalyseurs dans des conditions les plus proches possibles de celles des tests catalytiques. Néanmoins, à cause de la condensation de la vapeur d'eau dans la cellule de traitement quand les échantillons sont traités sous mélange réactionnel ($N_2/CH_4/O_2/H_2O$: 30/30/10/30), nous avons traité le catalyseur V12 sous un mélange sans eau dont les rapports molaires $N_2/CH_4/O_2$ étaient 60/30/10 à 300 et 550°C. Ce traitement a duré 5 heures à chaque température. Dans les deux cas, la cellule était ensuite purgée par balayage d'azote et refroidi toujours sous azote avant l'enregistrement des spectres infrarouge. Cette expérience a eu pour but de détecter l'interaction éventuelle des réactifs, des produits de la réaction ou des intermédiaires avec la surface du catalyseur. Les figures VIII.1, VIII.2 et VIII.3 présentent les spectres infrarouges obtenus dans les domaines spectraux 3600 – 3900 cm^{-1}, 2700 – 3100 cm^{-1} et 1300 – 2200 cm^{-1} respectivement.

Dans ces figures, on distingue les spectres du catalyseur V12 :

(a) Traité sous l'oxygène à 550°C

(b) Traité sous $N_2/CH_4/O_2$: 60/30/10 à 300°C

(c) Traité sous $N_2/CH_4/O_2$: 60/30/10 à 550°C

(d) Prétraité sous $N_2/CH_4/O_2$: 60/30/10 à 550°C, traité ensuite sous oxygène à 550°C.

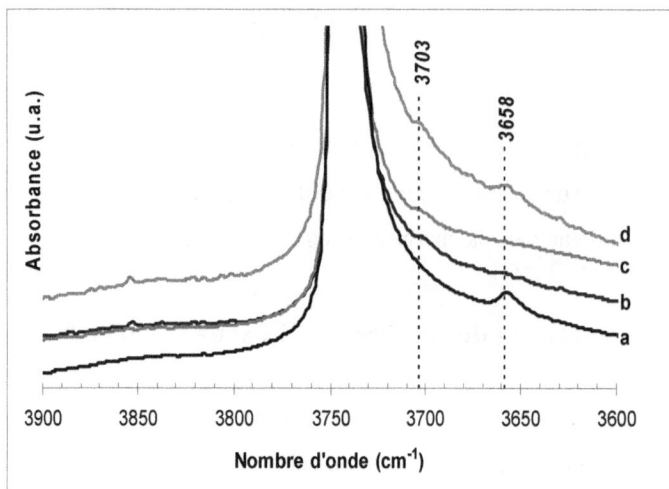

Figure VIII. 1 : Spectres infrarouge entre 3900 et 3600 cm^{-1}du catalyseur V12 lors de différents traitements : (a) 550°C sous O$_2$, (b) 300°C sous N$_2$/CH$_4$/O$_2$: 60/30/10, (c) 550°C sous N$_2$/CH$_4$/O$_2$: 60/30/10, (d) prétraité 550°C sous N$_2$/CH$_4$/O$_2$: 60/30/10 puis traité sous O$_2$ à 550°C.

Le traitement du catalyseur V12 sous mélange de $N_2/CH_4/O_2$: 60/30/10 à 300 et 550°C montre par rapport au catalyseur traité à 550°C sous O_2 une diminution de l'intensité de la raie v_{VO-H} à 3658 cm^{-1}. Cependant, l'intensité de cette raie réaugmente après un traitement sous oxygène (courbe d, figure VIII.1). La disparition et le rétablissement du groupement VO-H peuvent être expliqués par l'adsorption des intermédiaires de la réaction sur les sites vanadium concernés et leur désorption.

La figure VIII.1 montre également qu'après traitement sous mélange réactionnel à haute température, une nouvelle raie à 3703 cm^{-1} apparaît et ne semble pas affectée par le traitement final sous oxygène (spectre d, figure VIII.1). Cette nouvelle bande pourrait être liée à la présence d'un nouveau groupement VO-H ou SiO-H à la surface, résultant de l'hydratation de la surface par l'eau produite lors de la réaction ou par un intermédiaire non adsorbé.

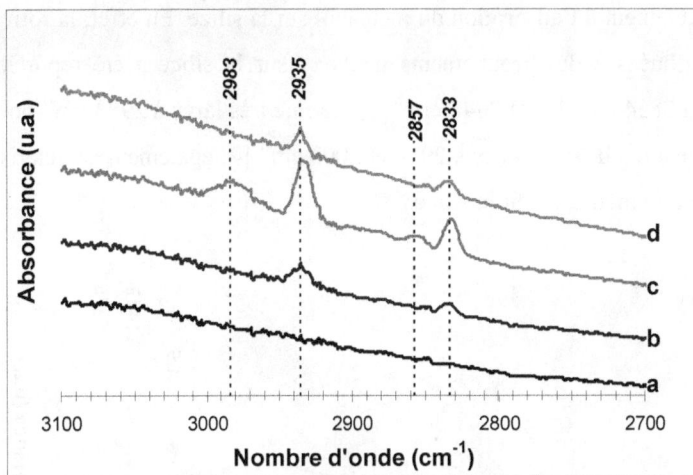

Figure VIII. 2 : Spectres infrarouge entre 3100 et 2700 cm^{-1} du catalyseur V12 lors de traitements : (a) 500°C sous O_2, (b) 300°C sous $N_2/CH_4/O_2$: 60/30/10, (c) 550°C sous $N_2/CH_4/O_2$: 60/30/10, (d) prétraité 550°C sous $N_2/CH_4/O_2$: 60/30/10 puis traité sous O_2 à 550°C.

Les domaines situés entre 3100 et 2700 cm^{-1} et entre 2220 et 1300 cm^{-1} montrent l'apparition ou la disparition de bandes en fonction des traitements effectués (figures VIII.2 et VIII.3). Ainsi, la courbe (c), qui correspond au spectre du catalyseur traité sous mélange $N_2/CH_4/O_2$: 60/30/10 à 550°C, montre une adsorption importante caractérisée par des raies à 2983, 2935, 2857 et 2833 cm^{-1}. Une analyse chromatographique en ligne du mélange gazeux sortant de la cellule avant le refroidissement a été effectué. Cette analyse montre la formation de HCHO, CH_3OH, CO, CO_2 et H_2O en plus des composants de la charge, N_2, CH_4 et O_2. Les raies les plus intenses à 2935 et 2833 cm^{-1} correspondent à des modes d'élongation ν_{C-H} de groupements des espèces vanadium $VOCH_3$ pour lesquels Pak et al. [1] et Busca [2] proposent des valeurs similaires (2930 et 2830 cm^{-1}). Ils ont aussi proposé que les radicaux CH_3^{*} réagissent avec la surface du catalyseur V_2O_5/SiO_2 pour former des ions méthoxydes sur les espèces vanadium [2]. Des études par spectroscopie Raman in situ portant sur l'oxydation du méthanol sur un catalyseur V_2O_5/SiO_2 ont donné

149

des résultats semblables. Les vibrations d'élongation des liaisons C-H du groupement V-OCH$_3$ ont été observées à 2929 et 2832 cm^{-1} [3]. La raie à 2857 cm^{-1} correspond vraisemblablement à l'adsorption du méthanol sur la silice. En effet, la formation des bandes attribuées à des groupements méthoxy sur la silice a été reportée dans la littérature à 2854 cm^{-1} [3] et 2848 cm^{-1} [4]. La raie très large à 2983 cm^{-1} pourrait être une superposition de deux raies à 2956 et 3003 cm^{-1} [4] également caractéristiques de l'adsorption du méthanol sur la silice.

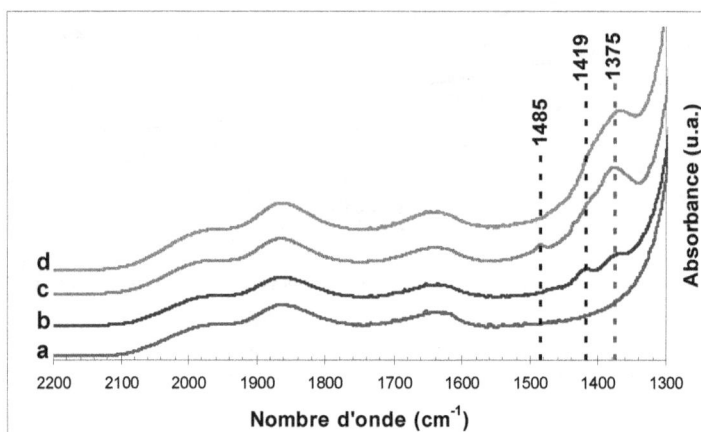

Figure VIII. 3 : Spectres infrarouge entre 2200 et 1300 cm^{-1} du catalyseur V12 lors des traitements : (a) 500°C sous O$_2$, (b) 300°C sous N$_2$/CH$_4$/O$_2$: 60/30/10, (c) 550°C sous N$_2$/CH$_4$/O$_2$: 60/30/10, (d) prétraité 550°C sous N$_2$/CH$_4$/O$_2$: 60/30/10 puis traité sous O$_2$ à 550°C.

La figure VIII.3 qui présente les spectres infrarouges entre 2200 et 1300 cm^{-1} montre un changement des raies du second ordre au cours de traitement dans le mélange N$_2$/CH$_4$/O$_2$. En effet, nous avons observé après traitements sous mélange réactionnel l'apparition irréversible de deux raies relativement larges vers 1419 et 1375 cm^{-1}. Ces deux raies apparaissent dès 300°C mais avec une faible amplitude et elles deviennent très intenses pour les spectres (c) et (d). Ces raies apparaissaient également lorsque l'on traite nos catalyseurs sous mélange d'oxygène et vapeur d'eau à 550°C (voir paragraphe VIII.3). L'apparition de ces deux raies probablement de second ordre pourrait être due à une modification structurale en présence de vapeur d'eau à haute température, dans ce cas, l'eau provient de la réaction entre CH_4 et O_4 sur le catalyseur dans les conditions de traitement. Une telle évolution a été observée lors de l'étude par diffraction des rayons X des catalyseurs avant et après test catalytique (paragraphe V.2).

L'apparition d'une raie peu intense vers 1485 cm^{-1} sur le spectre (c) pourrait correspondre à la chimisorption du méthanol sur les espèces vanadium. En effet, les travaux de Pak et al. [1] ont montré une raie équivalente à 1480 cm^{-1}. Elle a pratiquement disparu sur la courbe (d) après un traitement de l'échantillon sous courant d'oxygène à 550°C.

Nous avons donc montré lors cette étude, la formation de groupement méthoxy sur les espèces vanadium et sur la surface de silice également. Ces espèces pourraient correspondre à des intermédiaires réactionnels dans l'oxydation ménagée du méthane sur nos catalyseurs.

VIII.2. Etude de l'adsorption de méthanol sur le catalyseur V12

Nous avons étudié par spectroscopie infrarouge d'adsorption de méthanol sur les catalyseurs V12 et V24 afin de confirmer la formation des groupements méthoxy et des adsorbants sur les catalyseurs. Nous avons traité ces deux catalyseurs dans deux mélanges gazeux dont les rapports molaires sont les suivants : $N_2/O_2/CH_3OH$: 60/23/7 et N_2/CH_3OH : 90/10. L'introduction du méthanol a été assurée par balayage d'azote dans un saturateur contenant de méthanol à 25°C. L'adsorption a été effectuée à 220°C pendant 5 heures, puis la cellule a été purgée sous oxygène ou sous azote pendant le refroidissement avant l'enregistrement des spectres. Une comparaison des spectres des échantillons traités avec ceux des échantillons désorbés sous oxygène à 550°C avant ou après traitement est présentée sur les figures VIII.4 et VIII.5 en fonction de la plage spectrale étudiée. Sur ces deux figures, on distingue 4 spectres du catalyseur V12 traité dans les conditions suivantes :

(a) Déshydratation sous oxygène pendant 5 heures à 550°C,

(b) Désorption des espèces adsorbées sous oxygène à 550°C de l'échantillon après traitement sous mélange N_2/CH_3OH,

(c) Traitement sous mélange $N_2/O_2/CH_3OH$ pendant 5 heures, purgé par l'oxygène,

(d) Traité sous mélange N_2/CH_3OH pendant 5 heures, purgé par l'azote.

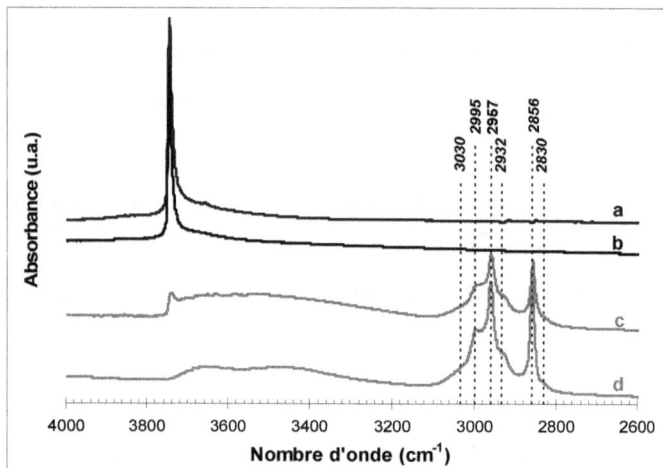

Figure VIII. 4 : Spectres infrarouge de V12 et V24 lors de traitements entre 4000 et 2600 cm⁻¹.

Les spectres c - d réalisés après traitement sous méthanol montrent l'apparition des raies à 3030, 2995, 2957, 2932, 2856, 2830 (figure VIII.4) et 1480, 1465, 1433 et 1397 cm⁻¹ (figure VIII.5). Ces raies sont attribuables à la formation des groupements méthoxy $VOCH_3$ et $SiOCH_3$.

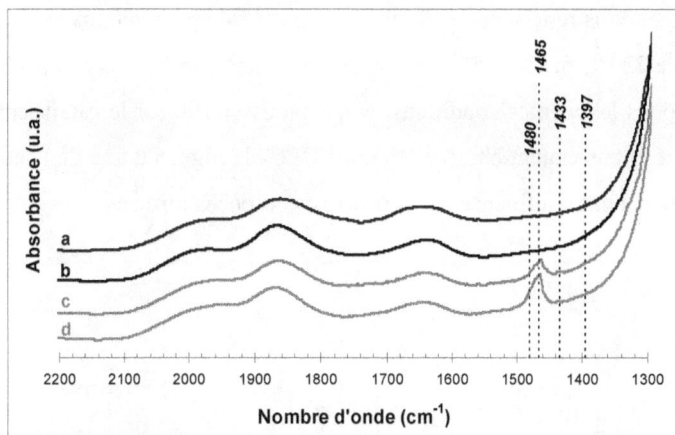

Figure VIII. 5 : Spectres infrarouge de V12 et V24 lors de traitements entre 2200 et 1300 cm^{-1}.

Nous observons la disparition totale des raies ν_{VO-H} et ν_{SiO-H} (3800-3600 cm-1) sur les spectres des échantillons traités (spectres c, d). Ainsi le traitement des échantillons par un fluide gazeux contenant du méthanol entraîne la formation des groupements méthoxy et l'adsorption des molécules de méthanol sur les groupements VO-H et SiO-H :

$$CH_3OH \quad + \quad VOH \quad \longrightarrow \quad VOCH_3 \quad + \quad H_2O$$

$$CH_3OH \quad + \quad SiOH \quad \longrightarrow \quad SiOCH_3 \quad + \quad H_2O$$

On constate que cette adsorption de méthanol avec la formation de groupements méthoxydes est parfaitement réversible.

En effet, après la désorption par chauffage à 550°C sous balayage d'oxygène, toutes les espèces adsorbées sur les catalyseurs ont été éliminées et la raie à 3746 cm^{-1} de la vibration ν_{SiO-H} réapparaît. En absence de vapeur d'eau dans le mélange de traitement, la structure des catalyseurs ne semble pas être modifiée avec ce type de traitement. Cependant, la raie correspondante à la vibration ν_{VO-H} ne réapparaît pas. L'effet réducteur du méthanol dans les conditions de traitement pourrait être à l'origine de cette modification des espèces vanadium sur les catalyseurs.

Nous avons enregistré le spectre IR du catalyseur V24 après traitement sous mélange N_2/CH_3OH à 220°C pendant 5 heures, purgé par l'azote et l'avons comparé à celui de V12 traité dans les mêmes conditions. Nous avons vérifié sur le catalyseur V24 que les mêmes résultats étaient obtenus (figure VIII.6). L'augmentation de la composition en vanadium n'a pas d'influence sur la nature des espèces formées.

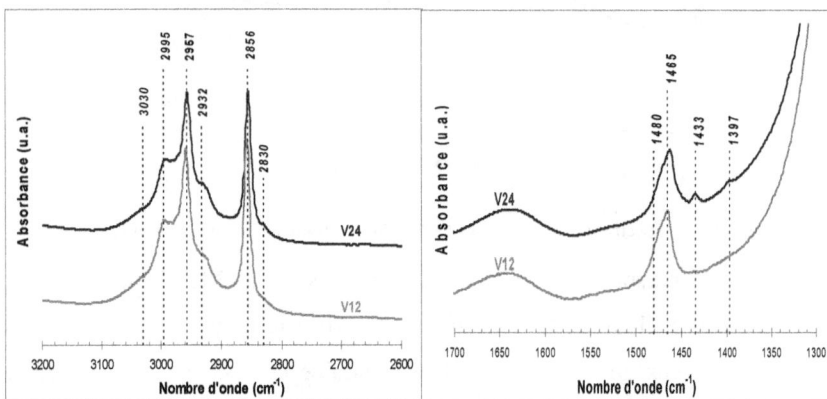

Figure VIII. 6: Spectres IR des catalyseurs V12 et V24 après traitement sous mélange N_2/CH_3OH à 220°C pendant 5 heures, purgé par l'azote.

La comparaison des positions des bandes infrarouges obtenues lors de notre étude avec celles de la littérature est présentée dans le tableau VIII.1. On constate que nos résultats sont en bon accord avec ceux de la littérature.

Tableau VIII. 1 : Comparaison des positions de bandes infrarouge caractéristiques de l'ion méthoxyde et du méthanol adsorbés, observés dans notre étude et dans la littérature.

Nos études				Littérature				Attribution	Réf.
CH_4/VO_x	CH_4/SiO_2	CH_3OH/VO_x	CH_3OH/SiO_2	CH_3/V_2O_5	CH_4/V_2O_5	CH_3OH/V_2O_5	CH_4 et CH_3OH/SiO_2		
		3030						CH_3OH, V_{C-H}	
		2995					3003	CH_3OH, V_{C-H}	[4]
	2983							CH_3OSi, V_{C-H}	
							2953[*]	CH_3OSi, V_{C-H}	[3]
		2957					2956	CH_3OH, V_{C-H}	[4]
			2932					CH_3OH, V_{C-H}	
2935				2930		2930		CH_3OV, V_{C-H}	[1, 2]
					2929[*]			CH_3OV, V_{C-H}	[3]
	2857							CH_3OSi, V_{C-H}	
							2854[*]	CH_3OSi, V_{C-H}	[3]
			2856				2848	CH_3OH, V_{C-H}	[4]
2833				2830				CH_3OV, V_{C-H}	[1, 2]
					2832[*]			CH_3OV, V_{C-H}	[3]
			2830			2820		CH_3OH, V_{C-H}	[1]
1485								CH_3OV, V_{C-H}	
			1480			1480		CH_3OH, V_{C-H}	[1]
		1465					1470	CH_3OH, V_{C-H}	[4]
			1433			1430		CH_3OV, V_{C-H}	[1]
						1435		CH_3OV, V_{C-H}	[2]

[*] *Valeurs obtenues par spectroscopie Raman.*

VIII.3. Effet de la vapeur d'eau sur le catalyseur

Au cours des études de déshydratation, de traitement sous mélange réactionnel et d'adsorption de méthanol, nous avons mis en évidence l'apparition des bandes v_{VO-H} et v_{SiO-H} en fonction de différents traitements. Il est important de mieux caractériser l'effet de l'eau sur le solide pour comprendre les conditions de ces espèces. Nous avons donc entrepris une étude de l'effet de l'eau. Pour cette étude, nous avons enregistré 5 spectres infrarouge du catalyseur V12 :

(a) Après déshydratation de V12 à 550°C sous oxygène pendant une nuit,

(b) Traitement de l'échantillon déshydraté sous mélange d'oxygène et 3 à 4% d'eau à 550°C pendant une nuit suivi d'une purge de la cellule par l'oxygène,

(c) Mise à l'air de l'échantillon de l'étape (b) pendant une nuit suivie d'une nouvelle déshydratation sous oxygène à 550°C pendant 4heures,

(d) Traitement de l'échantillon déshydraté sous mélange $N_2/CH_4/O_2$: 60/30/10 pendant 5 heures suivi d'une purge de la cellule par l'azote,

(e) Traitement de l'échantillon déshydraté sous mélange $N_2/CH_4/O_2/H_2O$: 58/29/9/4 pendant 5 heures suivi d'une purge de la cellule par l'azote.

Les spectres infrarouges enregistrés dans les domaines entre 3900 et 3600 cm^{-1}, 2210 et 1250 cm^{-1} et 3100 et 2700 cm^{-1} sont respectivement présentés sur les figures VIII.7, VIII.8 et VIII.9. Sur la figure VIII.7, la comparaison du spectre de V12 déshydraté de départ (spectre a) avec celui de traitement de l'échantillon en présence de vapeur d'eau (3 à 4% dans le fluide gazeux) montre l'apparition d'une nouvelle raie vers 3703 cm^{-1}. Cette bande pourrait être due à la formation irréversible d'un nouveau groupement SiO-H ou VO-H à la surface du catalyseur sous l'effet de vapeur d'eau à haute température.

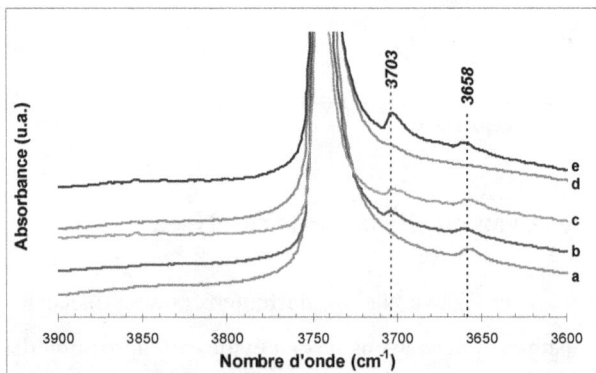

Figure VIII. 7 : Spectres infrarouge de V12 entre 3900 et 3600 cm^{-1}.

Le traitement de l'échantillon à 550°C en présence de vapeur conduit donc à une modification structurale du catalyseur qui se traduit également par l'apparition de deux raies larges à 1419 et 1375 cm^{-1} (figure VIII.8). Il s'agit probablement de raies du second ordre. Cette évolution irréversible a également été observée lors de l'étude sous mélange réactionnel (paragraphe VIII.1) où la vapeur d'eau dans le mélange était un produit de la réaction à la même température et se réadsorbait vraisemblablement sur le catalyseur.

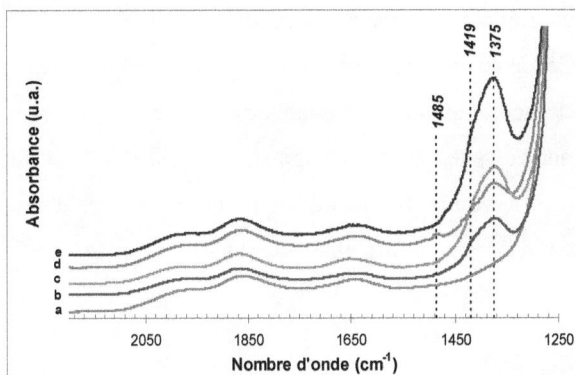

Figure VIII. 8 : Spectres infrarouge de V12 entre 2210 et 1250 cm^{-1}.

Par ailleurs, la présence de vapeur d'eau dans le mélange réactionnel entraîne une désorption des produits réactionnels de la surface catalytique. Ceci apparaît clairement sur la figure VIII.9.

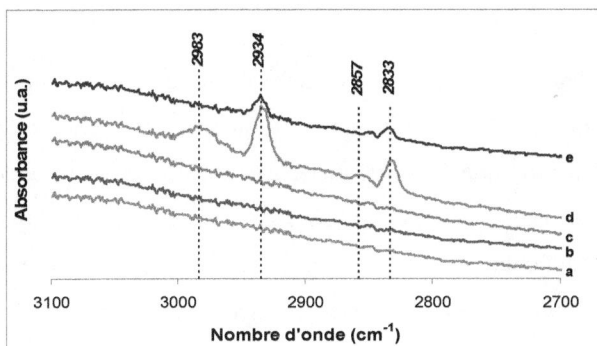

Figure VIII. 9 : Spectres infrarouge de V12 entre 3100 et 2700 cm^{-1}.

Le spectre (d), qui est celui de l'échantillon traité sous mélange $N_2/CH_4/O_2$ sans ajout de vapeur d'eau, montre une quantité plus importante de groupements $VOCH_3$ et $SiOCH_3$ formées à la surface avec l'apparition de raies à 2983, 2934, 2857, 2833 (courbe d de la figure VIII.9) et 1485 cm^{-1} (courbe d de la figure VIII.8) ainsi qu'avec la disparition totale de la vibration v_{VO-H} (courbe d de la figure VIII.7). Par ajout de 3% de vapeur d'eau dans le mélange (soit 6% de vapeur d'eau en sortie de réacteur), le spectre (e) enregistré montre une diminution considérable de l'intensité de raies correspondant aux groupements méthoxydes. En outre, la raie à 3658 cm^{-1} réapparaît (figure VIII.7). Cela pourrait être expliqué par un effet de « lavage » de l'eau dans la charge. Cet effet faciliterait la désorption des espèces adsorbées à la surface du catalyseur, libérant des sites actifs et augmentant ainsi l'activité du catalyseur. En effet, nous avons observé un effet positif de l'ajout de vapeur d'eau dans la charge sur l'activité et le rendement en formaldéhyde (voir paragraphe VI.5.2).

VIII.4. Conclusions

Nous avons mis en évidence, par cette étude, la formation de groupements méthoxydes à la surface de catalyseur pendant l'activation du méthane par oxygène. Les bandes infrarouges spécifiques de ces espèces sont similaires à celles obtenues lors de l'adsorption du méthanol sur le même catalyseur et à celles de la bibliographie.

Ces espèces pourraient être des espèces intermédiaires de surface dans l'oxydation du méthane en formaldéhyde. L'élimination des intermédiaires adsorbés sur la surface catalytique par l'adsorption concurrentielle d'eau a été mise en évidence dans ce chapitre. Ce phénomène présente un effet de « lavage » de la vapeur d'eau qui apporterait au catalyseur une activité plus élevée en conservant la nature des sites actifs et expliquerait une baisse légère de la conversion du méthane à haute teneur en eau après une valeur optimale (vers 10%).

VIII.5. Références bibliographiques

[1]   S. Pak, C. E. Smith, M. P. Rosynek, J. H. Lunsford, *J. Catal.*, 165 (1989) 241.

[2]   G. Buska, *J. Molec. Catal.*, 50 (1989) 241.

[3]   X. Gao, S. R. Bare , B. M. Wekhuysen, I. E. Wachs, *J. Phys. Chem. B*, 102 (1998) 10842.

[4]   D. B. Clarke, D. K. Lee, M. J. Sandoval, A. T. Bell, *J. Catal.*, 150 (1994) 81.

CHAPITRE IX : DISCUSSION GENERALE

La discussion générale des résultats expérimentaux regroupés dans les chapitres III à VIII est présentée dans ce chapitre en trois parties :

- Méthode de préparation, structure des catalyseurs et sites catalytiques
- Nature des produits et mécanisme réactionnel
- Performance des catalyseurs

IX.1. Méthode de préparation, structure des catalyseurs et sites catalytiques

Une méthode simple et reproductible de préparation basée sur la co-condensation permettant d'isoler des espèces vanadium au cours de la synthèse sur une silice mésoporeuse a été élaborée. Cette méthode permet d'isoler des espèces vanadium particulières sur les catalyseurs qui apparaissent constitué des sites actifs et sélectifs pour l'oxydation ménagée du méthane en formaldéhyde.

L'isolation des sites est obtenue essentiellement grâce à la co-condensation des espèces vanadium et silicium dans une solution dont la composition, réglant le pH et la concentration des espèces, limite à priori à deux espèces vanadate présentes : $V_3O_9^{3-}$ et $VO_2(OH)_2^-$.

En solution, une interaction forte entre les cations du surfactant $C_{16}TMA^+$ et les anions $VO_2(OH)_2^-$ comme avec les anions Br^- ou Cl^- a lieu et permet l'isolation des espèces vanadium dès qu'elles se trouvent dans la solution de synthèse et ensuite lorsque les micelles se forment privilégiant la condensation des espèces $VO_2(OH)_2^-$ avec celles de silicium. Au fur et à mesure que cette co-condensation prend place, la

160

concentration des espèces vanadium dans la solution de synthèse baisse, ce qui entraîne la dissociation des espèces $V_3O_9^{3-}$ assurant un renouvellement de la quantité disponible de $VO_2(OH)_2^-$ pour la co-condensation.

Notre protocole de synthèse permet de co-condenser presque totalement les espèces vanadium et silicium. Le rendement par rapport aux espèces vanadium et silicium est très élevé jusqu'à 90-95% et la composition du catalyseur obtenu peut être prévue de façon précise.

Les composés préparés par notre technique présentent une structuration mésoporeuse avec des surfaces spécifiques comparables à celle d'un solide de type MCM-41 ou MCM-48. Avec l'augmentation de la teneur en vanadium, on observe une perte assez importante de cette structuration bien que les surfaces spécifiques restent très importantes. Le protocole de synthèse permet d'obtenir une bonne dispersion du vanadium à la surface du solide comme le montre les différentes techniques de caractérisation utilisées. En effet, la co-condensation des espèces vanadium et silicium au cours de la formation des solides permet d'utiliser l'ensemble de la surface mésoporeuse du support, de la surface externe à celle des pores, pour disperser les espèces vanadium. La taille moyenne de pores des catalyseurs V08 – V20 est suffisamment large, de l'ordre de 35 Å, pour permettre la diffusion des réactifs ainsi que des produits dans les pores. Ce n'est qu'à relativement haute teneur en vanadium que l'on commence à observer la formation d'espèces polymériques d'oxyde de vanadium. Ceci est important car la mise en relation des caractérisations et des mesures de performance catalytique tend à montrer que ce sont les espèces monomériques qui seraient les sites les plus actifs et le plus sélectifs dans l'oxydation ménagée du méthane. Néanmoins, l'intérêt de la méthode ne réside pas uniquement dans l'obtention d'une bonne dispersion des espèces vanadium à la surface d'un support de grande surface. Elle semble résider également dans la nature des espèces formées.

La surface de la silice mésoporeuse présente pour équilibrer les charges des groupements hydroxyles. Avec la co-condensation des espèces vanadium, l'équilibre

161

des charges va se faire par l'intermédiaire des espèces formées et la nature de ces espèces ainsi que la densité de liaison SiOH déterminera le nombre de liaison V-O-Si formées. Ainsi, à partir d'un groupement $VO_2(OH)_2$, on aura la formation de deux liaisons V-O-Si:

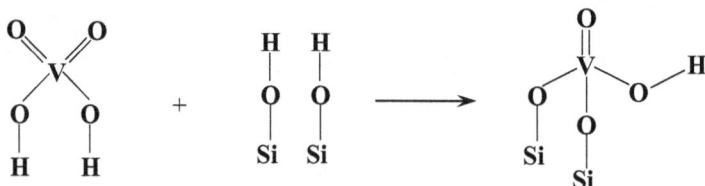

L'existence de cette espèce repose sur la mise en évidence par spectroscopie IR d'une bande à 3650 cm^{-1} caractéristique de ν_{VO-H} et l'observation d'une raie à 1037 cm^{-1} par spectroscopie Raman caractéristique d'une espèce vanadium monomérique en coordinance tétraédrique.

Cette proposition explique la variation inverse entre les quantités relatives de groupements hydroxyles SiOH et VOH observée par spectroscopie infrarouge. Il est intéressant de noter que le produit d'un greffage qui aurait été fait sur le solide mésoporeux à partir d'un site O_3SiOH après sa synthèse devrait conduire à une espèce $O_3SiOVO(OH)_2$ ne présentant qu'une seule liaison Si-O-V. Ceci pourrait en partie expliquer les différences de propriétés catalytiques observées, indépendamment du nombre d'espèces vanadium de surface.

La stabilité de l'espèce vanadium à deux liaisons V-O-Si (espèces V2) peut dans le cas où elle est proche d'un groupement hydroxyle de surface subir une déshydroxylation et former une espèce $O_3V=O$ (espèces V1) dont nous proposons également la présence à la surface de la silice mésoporeuse pour expliquer les résultats de spectroscopie infrarouge. L'existence de deux espèces monomériques expliquerait la présence d'un épaulement vers 1025 cm^{-1} en plus de la raie à 1037 cm^{-1} sur les spectres Raman de nos catalyseurs.

$$\text{(espèce V–OH)} + \text{(Si–OH)} \xrightarrow{-\,H_2O} \rightleftharpoons \text{(espèce greffée)}$$

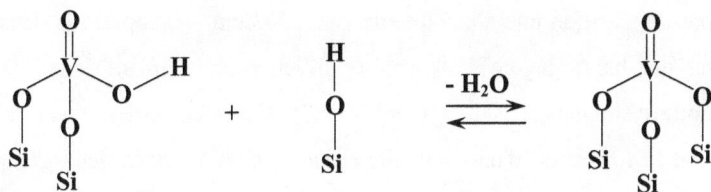

De telles espèces ont été reportées dans l'étude de catalyseurs où les espèces vanadium ont été greffées sur un support mésoporeux. Dans ces études, les résultats catalytiques reportés et que nous avons pu reproduire sont nettement moins bons que ceux obtenus sur les catalyseurs préparés avec notre méthode.

Lorsque la quantité de vanadium déposée devient importante, on constate à partir des résultats de spectroscopie infrarouge que la quantité de groupement V-OH ne varie plus linéairement en fonction de la quantité de vanadium présent dans l'échantillon, mais augmente. Ceci peut s'expliquer par la formation des espèces polymériques de vanadium comparable à des isopolyanions (V4). La présence de ces espèces est confirmée par la Thermo-Réduction Programmé et la RPE, ces espèces comme nous l'avons vu dans l'étude de déshydratation suivie par spectroscopie infrarouge peuvent s'hydrolyser et former des espèces vanadium comparables dans leur structure des espèces V2.

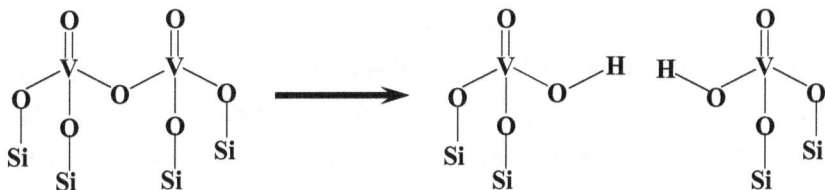

$$\text{(espèce V-O-V polymérique)} \longrightarrow \text{(espèces VO–H hydrolysées)}$$

L'augmentation de la quantité de groupement VO-H montre que la liaison V-O-V serait plus facile à hydrolyser que la liaison Si-O-V dans les conditions de déshydratation (à 550°C, sous oxygène). Aussi, nous avons observé que l'intensité de la raie vers 920 cm^{-1} de modes d'élongation $v_{V\text{-}O\text{-}V}$ des spectres Raman dépendait du degré de déshydratation du catalyseur. Des liaisons Si-O-V pourraient s'hydrolyser à haute température en présence de vapeur d'eau. Cette hydrolyse serait mise en évidence par l'apparition une nouvelle raie vers 3703 cm^{-1}. L'apparition de cette raie accompagne une baisse légère d'intensité et un léger déplacement de la raie à 3658 cm^{-1} de mode d'élongation v_{VO-H} (figure VIII.7). Ces changements pourraient être expliqués par la formation d'une nouvelle espèce vanadium avec deux groupements O-H (espèce V3) venant de l'hydrolyse profonde des liaisons Si-O-V:

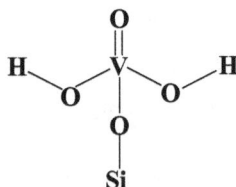

Comme nous l'avons reporté précédemment, la co-existence des espèces vanadium isolées et polymériques a été mise en évidence par RPE et TRP. La teneur des espèces vanadium isolées dans les catalyseurs, donc la répartition des espèces isolées et polymériques a pu être calculée à partir de la quantité d'hydrogène consommée correspondant au premier pic des courbes TRP. En combinant différentes méthodes de caractérisation, nous pouvons identifier, à priori, trois types d'espèces vanadium ainsi que leur répartition dans nos catalyseurs (V1, V2 et V4).

Les conditions de synthèse des catalyseurs permettent de limiter l'existence des espèces vanadium polymériques dans la solution de synthèse mais elles ne peuvent empêcher leur formation lors de synthèse des catalyseurs à haute teneur en vanadium (V16, V20, V24 et V32). En fait, à partir 2.3% poids de vanadium, la concentration des espèces vanadium polymériques commencent à augmenter fortement dans les catalyseurs.

Dans notre étude, nous avons effectué deux essais d'amélioration de la méthode de synthèse qui ont conduit aux solides V16NP et V16MC2.

Dans le premier cas, le solide obtenu (V16NP) présente une structuration typique à celle de MCM-41. Cependant, la teneur en vanadium dans ce solide est beaucoup plus faible que celle prévue à partir du gel de préparation.

Dans le second cas (V16MC2), la perte de vanadium dans le solide est plus faible. La sélectivité en formaldéhyde sur ce catalyseur est améliorée mais l'inconvénient de la mise en œuvre de ce catalyseur réside dans la perte de 1/3 de précurseur de vanadium dans le filtrat.

IX.2. Nature des produits et mécanisme réactionnel

Il est important tout d'abord de rappeler que l'activation du méthane dans tous les tests catalytiques que nous avons réalisés n'avait lieu que sur la surface du catalyseur. En effet, nous avons étudié le comportement du mélange réactionnel dans le réacteur vide et aucun produit de la réaction n'a été détecté par analyse chromatographique jusqu'à 640°C.

Nous avons étudié le mécanisme réactionnel dans le chapitre VII où nous présentons un modèle cinétique pour la formation du formaldéhyde. Dans un premier temps, nous avons étudié la conversion du méthane et nous avons calculé les ordres de réaction du méthane et de l'oxygène sur un de nos catalyseurs. Nous avons obtenu respectivement 0.92 pour le méthane et 0.15 pour l'oxygène. Ceci est en accord avec les résultats du paragraphe VII.2.2 qui montrent une influence très forte de la teneur en oxygène sur la conversion du méthane à faible teneur en oxygène. Par contre, la conversion du méthane n'est pas sensible à sa teneur propre.

A chaque instant, l'activation de l'oxygène est une étape déterminante de la vitesse de réaction. Ceci est vraisemblablement lié à la nécessité d'avoir un site double pour activer de façon dissociative l'oxygène à la surface du solide. De plus, l'oxygène doit s'adsorber prioritairement sur la surface avant que l'oxydation du méthane se produise. Nous avons modélisé la formation du formaldéhyde en considérant à la fois l'activation du méthane et de l'oxygène à la surface du catalyseur. Le modèle choisi correspond à celui proposé par A. W. Sexton et al [1]. Nous proposons que l'activation du méthane se fasse sur une espèces oxygène électrophile avec une coupure homolytique de liaison C-H pour former un radical qui réagirait avec un oxygène O^{2-} lié au vanadium pour former un intermédiaire méthoxyde :

$$CH_4 + O^- \longrightarrow CH_3^* + OH^-$$

$$CH_3^* + O=V \longrightarrow CH_3OV$$

Nous avons pu mettre en évidence par spectroscopie IR la présence de ces espèces méthoxydes CH_3OV sur la surface de nos catalyseurs.

Ce mécanisme d'activation peut être schématisé aussi :

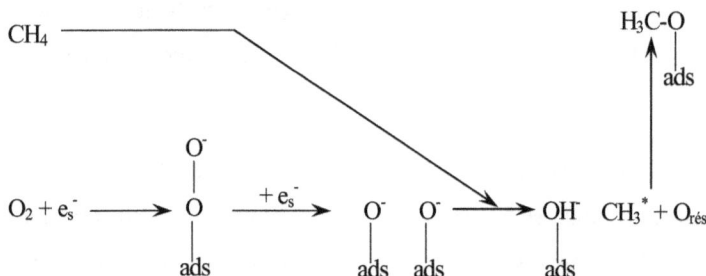

A haute température (>590°C), les radicaux méthyl doivent plus facilement quitter la surface du solide après y être formés et réagir avec l'oxygène gazeux (voir paragraphe IV.2). Le mécanisme réactionnel dans la phase gazeuse a été décrit dans la littérature (voir paragraphe II.1)

Une fois formée, les groupements méthoxyde peuvent se décomposer pour former du formaldéhyde ou réagir avec les protons des groupements hydroxyles de la silice pour former du méthanol :

$$CH_3O_s \xrightarrow{\text{+ } H^+} CH_3OH$$
$$\searrow HCHO + OH_s$$

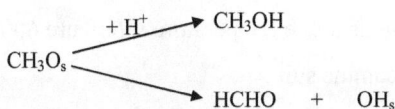

La formation du méthanol à partir des groupements méthoxydes ne se produit essentiellement qu'à basse température (<300°C) sur les catalyseurs de type V_2O_5/SiO_2 [2], température à laquelle la concentration de protons est le plus élevée. Pour notre étude, la production du CH_3OH et du CO_2 est mineure dans l'ensemble de tests catalytiques quand la température réactionnelle est dans l'intervalle entre 550 et à 600°C. En effet, la somme des sélectivités du CO_2 et CH_3OH est souvent inférieure à 5% pour les tests catalytiques du V08 – V20. Comme on pouvait l'attendre, un effet positif de la vapeur d'eau sur la sélectivité en méthanol a été mis en évidence (tableau VI.7), néanmoins cette dernière est toujours beaucoup plus faible que celle en formaldéhyde ou CO. De plus, nous avons observé une sélectivité assez élevée en méthanol sur le catalyseur V16NP (Tableau VI.9) dont la teneur en vanadium est la plus faible parmi les catalyseurs que nous avons testés dans le laboratoire. Ceci peut être expliquée par l'interaction entre les protons de la surface des groupements Si-OH avec les groupements méthoxydes. Bien que le méthanol se trouve dans les produits réactionnels, il n'est pas un intermédiaire dans la formation du formaldéhyde à partir de l'oxydation ménagée du méthane sur nos catalyseurs. Ce n'est pas le cas du monoxyde de carbone dont nous avons montré que la formation se faisait par réaction consécutive du formaldéhyde sur les sites actifs ou par dégradation du formaldéhyde dans la phase gazeuse. La formation du CO_2 peut être expliquée par l'oxydation du CO dans la phase gazeuse ou sur la surface catalytique et par en dégradation thermique du méthanol à haute température (>590°C). Il est intéressant de rappeler que le résultat de l'analyse RMN sur le condensat obtenu à la sortie du réacteur montre qu'il ne contient que le formaldéhyde hydraté $CH_2(OH)_2$, son dérivé condensé (Acétal), le méthanol et l'eau.

Ces arguments nous permettent de proposer le schéma de réaction de l'oxydation ménagée du méthane par oxygène à une température inférieure 600°C et à la pression ambiante sur nos catalyseurs comme suit :

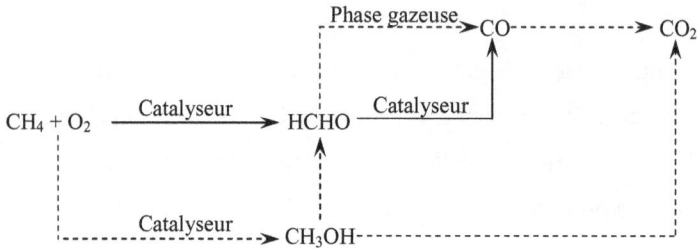

$$CH_4 + O_2 \xrightarrow{\text{Catalyseur}} HCHO \xrightarrow{\text{Catalyseur}} \begin{array}{c} \text{Phase gazeuse} \\ CO \cdots\cdots\cdots\cdots CO_2 \end{array}$$

$$\xrightarrow{\text{Catalyseur}} CH_3OH$$

Pour conclure, les produits principaux obtenus de l'oxydation du méthane par oxygène sur nos catalyseurs sont donc le formaldéhyde et le monoxyde de carbone. Les formations de ces deux produits se font essentiellement sur le catalyseur. Elles correspondent à des transformations majeures et sont exprimées par des lignes continues. Les transformations mineures sont exprimées par des pointillées.

IX.3. Discussion sur la performance des catalyseurs V08 – V20

Les résultats des études présentées dans la littérature ont montré qu'un des meilleurs catalyseurs pour l'oxydation du méthane en formaldéhyde est de type vanadium supporté sur silice. Les catalyseurs mis au point au cours de ce travail apparaissent encore meilleurs en termes de productivité comme le montre le tableau IX.1 qui regroupe les propriétés catalytiques de certains des meilleurs catalyseurs de la littérature et du meilleur de nos catalyseurs.

Dans notre étude, l'isolation d'espèces vanadium particulièrement actives et sélectives sur un support de silice mésoporeuse a permis d'obtenir des productivités à 580°C égales à celles obtenues à 626°C sur V/MCM-41 et supérieures au-delà de 580°C. Ces espèces permettent l'activation du méthane entre 550 et 580°C au lieu de 650°C.

Ceci peut être expliqué par la facilité de changement de valences des espèces vanadium isolées vraisemblablement liée à leur coordination sur le support.

Tableau IX. 1 : Comparaison des productivités en formaldéhyde sur des différents catalyseurs

Catalyseur	Température (°C)	Productivité (mol.kg$_{cata}^{-1}$h^{-1})	Référence
MoO$_3$/SiO$_2$	650	3.8	[3]
Mo-SBA-1	680	6	[4]
FePO$_4$	600	9.5	[5]
Fe/SiO$_2$	600	9.7	[6]
V$_2$O$_5$/SiO$_2$	650	25.3	[7]
Sr/La$_2$O$_3$-V$_2$O$_5$/SiO$_2$	625	31.4	[8]
FeNbBO	770	40.3	[9]
V/MCM-41	626	46.1	[10]
V20	580	46.1	Notre étude
V20	590	55.5	Notre étude
V20	600	58.8	Notre étude

Il a été possible de mettre en relation l'évolution de la répartition des espèces vanadium isolées et non isolées obtenue à partir des études de caractérisation par TPR, RPE, IRTF et le changement de la sélectivité des catalyseurs à partir des résultats présentés sur la figure VI.4 de l'étude à iso-conversion. En effet, ces résultats catalytiques ont montré une diminution des sélectivités en formaldéhyde des catalyseurs V16 et V20 tandis que celles de V08 et V12 sont pratiquement identiques. Ceci montre bien que l'isolation des espèces vanadium monomérique est un paramètre important pour éviter des réactions séquentielles du formaldéhyde sur les sites vanadium proches.

Nous avons montré qu'en modifiant la méthode de synthèse, on pouvait améliorer les catalyseurs (V16MC2). D'autres progrès sont possibles : en effet l'activité des catalyseurs peut être améliorée. A partir du tableau V.1, on constate que la quantité de vanadium monomérique correspondant à 1.81% en poids, soit $0.2 V nm^{-2}$, valeur calculée sur la base d'une surface BET de 1000 $m^2 g^{-1}$ pour le meilleur catalyseur (V12), est loin de la quantité théorique possible qui est de 6.3%, soit $0.7\ V.nm^{-2}$. Il est bien évident que le défi, dans ce cas, est d'augmenter la quantité de vanadium sans former d'espèces polymériques. La sélectivité peut également être améliorée. Nous avons montré qu'une partie de la perte de sélectivité en formaldéhyde était liée à la dégradation de ce dernier en aval du lit catalytique. A partir d'un calcul simple, nous avons pu montrer que des gains de sélectivité très significatifs (+6% à 580°C et +8% à 590°C) pouvaient être espérés avec la mise en place d'un système permettant soit le piégeage soit la trempe immédiate des produits après le réacteur.

Ces progrès, s'ils pouvaient être réalisés, devraient permettre d'obtenir de bonnes sélectivités à des taux de conversion certes encore faibles mais qui permettraient d'envisager un procédé industriel basé sur un recyclage du méthane.

IX.4. Références bibliographiques

[1]   A. W. Sexton, B. K. Hodnett, 3rd World Congress on Oxydation Catalysis, R. K. Grasselli, S. T. Oyama, A. M. Gaffney and J. H. Lyons (Editors), 1997 Elsevier Science B. V. p. 1129.

[2]   S. Pak, E. Smith, M. P. Rosynek, J. H. Lunsford, *J. Catal.*, 165 (1997) 73.

[3]   N. D. Spencer, *J. Catal.*, 109 (1988) 187.

[4]   L. Dai, Y. Teng, K. Tabata, E. Suzuki, T. Tatsumi, *Chem. Lett.*, (2000) 794.

[5]   G. O. Alptekin, A. M. Herring, D. L. Williamson, T. R. Ohno, R. L. McCormick, *J. Catal.*, 181 (1999) 104.

[6]   T. Kobayashi, K. Nakawama, K. Tabata, M. Haruta, *J. Chem. Soc., Chem. Commun.*, (1994) 1609.

[7]   A. Parmaliana, F. Frusteri, A. Mezzapica, M. S. Scurrel, N. Giordano, *J. Chem. Soc., Chem. Commun.,* (1993) 751.

[8]   C. Shi, Q. Sun, H. Hu, R. G. Herman, K. Klier, I. E. Wachs, *Chem. Commun.,* (1996) 663.

[9]   K. Otsuka, T. Komatsu, K. Jinno, Y. Uragami, A. Morikawa, Proceedings of the 9th International Congress on Catalysis, Vol. 2, TheCamical Institute of Canada, Ottawa, 1988, p. 915.

[10] H. Berndt, A. Martin, A. Bruckner, E. Schreier, D. Muller, M. Kosslick, G. –U. Wolf, B. Lucke, *J. Catal.,* 191 (2000) 384.

www.ingramcontent.com/pod-product-compliance
Lightning Source LLC
Chambersburg PA
CBHW021052210326
41598CB00016B/1182